高等职业教育“十三五”规划教材（新能源课程群）

光伏组件制造工艺

主　编　杨春民

副主编　施秉旭　邵在虎　宋晓鸣

中国水利水电出版社
www.waterpub.com.cn

内 容 提 要

本书是针对职业学校太阳能光伏发电专业学生编写的一本以实训操作为主的教材，主要介绍的是光伏组件在企业中的制造工艺流程和操作方法与要求，具有很强的实用性。本书主要内容包括光伏电池的基础知识，光伏组件制造工艺中的电池片检测、电池片焊接及组件叠层、光伏组件层压、光伏组件装框、光伏组件终检等。

本书配有电子教案，读者可以从中国水利水电出版社网站和万水书苑免费下载，网址为：http://www.waterpub.com.cn/softdown/和 http://www.wsbookshow.com。

图书在版编目（CIP）数据

光伏组件制造工艺 / 杨春民主编. -- 北京 : 中国水利水电出版社, 2016.4
高等职业教育"十三五"规划教材. 新能源课程群
ISBN 978-7-5170-4319-5

Ⅰ. ①光… Ⅱ. ①杨… Ⅲ. ①太阳能电池－加工－高等职业教育－教材 Ⅳ. ①TM914.4

中国版本图书馆CIP数据核字(2016)第101950号

策划编辑：祝智敏　责任编辑：李　炎　加工编辑：封　裕　封面设计：李　佳

书　　名	高等职业教育"十三五"规划教材（新能源课程群） 光伏组件制造工艺
作　　者	主　编　杨春民 副主编　施秉旭　邵在虎　宋晓鸣
出版发行	中国水利水电出版社 （北京市海淀区玉渊潭南路 1 号 D 座　100038） 网址：www.waterpub.com.cn E-mail：mchannel@263.net（万水） sales@waterpub.com.cn 电话：（010）68367658（发行部）、82562819（万水）
经　　售	北京科水图书销售中心（零售） 电话：（010）88383994、63202643、68545874 全国各地新华书店和相关出版物销售网点
排　　版	北京万水电子信息有限公司
印　　刷	三河市铭浩彩色印装有限公司
规　　格	184mm×240mm　16 开本　10.25 印张　218 千字
版　　次	2016 年 4 月第 1 版　2016 年 4 月第 1 次印刷
印　　数	0001—2000 册
定　　价	25.00 元

I

序　言

第三次科技革命以来，高新技术产业逐渐成为当今世界经济发展的主旋律和各国国民经济的战略性先导产业，各国相继制定了支持和促进高新技术产业发展的方针政策。我国更是把高新技术产业作为推动经济发展方式转变和产业结构调整的重要力量。

新能源产业是高新技术产业的重要组成部分，能源问题甚至关系到国家的安全和经济命脉。随着科技的日益发展，太阳能这一古老又新颖的能源逐渐成为人们利用的焦点。在我国，光伏产业被列入国家战略性新兴产业发展规划，成为我国为数不多的处于国际领先位置，能够在与欧美企业抗衡中保持优势的产业，其技术水平和产品质量得到越来越多国家的认可。新能源技术发展日新月异，新知识、新标准层出不穷，不断挑战着学校专业教学的科学性。这给当前新能源专业技术人才培养提出极大挑战，新教材的编写和新技术的更新也显得日益迫切。

在这样的大背景下，为解决当前高职新能源应用技术专业教材的匮乏，新能源专业建设协作委员会与中国水利水电出版社联合策划、组织来自企业的专业工程师、部分院校一线教师，协同规划和开发了本系列教材。教材以新能源工程实用技术为脉络，依托来自企业多年积累的工程项目案例，将目前行业发展中最实用、最新的新能源专业技术汇集进专业方案和课程方案，编写入专业教材，传递到教学一线，以期为各高职院校的新能源专业教学提供更多的参考与借鉴。

一、整体规划全面系统，紧贴技术发展和应用要求

新能源应用技术系列教材主要包括光伏技术应用，课程的规划和内容的选择具有体系化、全面化的特征，涉及到光电子材料与器件、电气、电力电子、自动化等多个专业学科领域。教材内容紧扣新能源行业和企业工程实际，以新能源技术人才培养为目标，重在提高专业工程实践能力，尽可能吸收企业新技术、新工艺和案例，按照基础应用到综合的思路进行编写，循序渐进，力求突出高职教材的特点。

二、鼓励工程项目形式教学，知识领域和工程思想同步培养

倡导以工程项目的形式开展教学，按项目、分小组、以团队方式组织实施；倡导各团队成员之间组织技术交流和沟通，共同解决本组工程方案的技术问题，查询相关技术资料，组织小组撰写项目方案等工程资料。把企业的工程项目引入到课堂教学中，针对工程中实际技能组织教学，让学生在掌握理论体系的同时，能熟悉新能源工程实施中的工作技能，缩短学生未来在企业工作岗位上的适应时间。

三、同步开发教学资源，及时有效更新项目资源

为保证本系列课程在学校的有效实施，丛书编委会还专门投入了大量的人力和物力，为系列课程开发了相应的、专门的教学资源，以有效支撑专业教学实施过程中的备课授课，以及项目资源的更新、疑难问题的解决，详细内容可以访问中国水利水电出版社万水分社的万水书苑网站，以获得更多的资源支持。

本系列教材的推出是出版社、院校教师和企业联合策划开发的成果。教材主创人员先后数次组织研讨会开展交流、组织修订以保证专业建设和课程建设具有科学的指向性。来自皇明太阳能集团有限公司、力诺集团、晶科能源有限公司、晶科电力有限公司、越海光通信科技有限公司、山东威特人工环境有限公司、山东奥冠新能科技有限公司的众多专业工程师和产品经理于洪水、彭波、黄小章、姜金国等为教材提供了技术审核和工程项目方案的支持，并承担全书的技术资料整理和企业工程项目的审阅工作。山东理工职业学院的静国梁、曲道宽，威海职业学院的景悦林，菏泽职业学院的王记生，皇明太阳能职业中专的董兆广等都在教材成稿过程中给予了支持，在此一并表示衷心感谢！

本书规划、编写与出版过程历经三年时间，在技术、文字和应用方面历经多次的修订，但考虑到前沿技术、新增内容较多，加之作者文字水平有限，错漏之处在所难免，敬请广大读者批评指正。

丛书编委会

前　言

太阳能光伏发电技术已经过了近 170 年的漫长发展历史。在 20 世纪 50 年代，单晶硅太阳电池研发成功，诞生了将太阳光能转换为电能的实用光伏发电技术，在太阳能电池发展史上起到了里程碑的作用。进入 21 世纪以来，发展太阳能发电（光伏发电）产业已经成为全球各国解决能源与经济发展、环境保护之间矛盾的最佳途径之一，光伏技术的发展变得十分迅猛，日新月异。我国未来社会经济发展战略中，太阳能光伏产业将是我国保障能源供应、建设低碳社会、推动经济结构调整的战略性新兴产业。2012 年以后随着光伏产业的复苏与发展，我国目前急需一批具备一定专业知识和动手操作能力的中、高级光伏制造技能人才，全国各地职业院校相继开设了光伏或新能源类相关专业。为了满足高等职业教育对应用型人才的培养目标要求，我们组织了一批在教学一线从事专业教学且经验丰富的优秀教师，吸纳了多个知名光伏企业专家，借鉴其他教材的成功经验，以职业分析为依据，以岗位需求为基本，以培养管理、服务一线的应用型人才为宗旨，编写了适合中、高职光伏和新能源类专业学生的理论学习和实训操作指导双兼顾的专业教材。

本书以晶硅光伏组件制造生产工艺为核心内容，注重基本知识应用，减少理论推导，采用了大量的企业实际生产操作技术标准，同现有其他教材相比，具有鲜明的特色。

首先，从结构和流程上来说，本书与实际生产制造流程相吻合；从内容上来说，本书涵盖了由光伏电池片组装成光伏组件的全部内容，涉及制作工作的每一个环节，每一个步骤。本书内容多采用真实的企业内部生产文件，使职业院校的学生易于掌握和接受。

其次，本书采用项目化教学、任务分解的结构体系，按照理论内容和生产工艺流程分为电池片的分选测试，电池片焊接工艺，电池片的叠层和中测工艺，组件层压工艺，修边、装框、安装接线盒、清洗工艺，组件的检测工艺六个项目。每个项目又按照企业真实生产流程划分为若干个任务，每个任务都包含任务目标、任务描述、相关知识、任务实施、任务训练等内容，让老师可以进行项目化教学，让学生可以按照任务驱动法进行学习。

全书由杨春民任主编，施秉旭、邵在虎、宋晓鸣任副主编。参加本书编写工作的还有陈圣林、李建勇、杜锐、胡华业、黄小章、郜峰等，另外还要感谢殷淑英教授、梁强副教授，他们对本书提出了非常宝贵的意见，特别是对书中内容的编排、项目选取、难易程度的把握等。全书得到了东营大海新能源发展有限公司、晶科能源有限公司、力诺光伏高科技有限公司、德州职业技术学院和中国水利水电出版社相关领导的大力支持，国网山东省电力公司齐河县供电公司杜锐、平阴县供电公司胡华业对本书的编写提供了相关资料，在本书编写过程中参考了大量相关文献资料和教材，在此，谨向这些编者以及为本书出版付出辛勤劳动的同志深表感谢！

由于时间仓促，编者水平有限，不妥之处敬请广大读者批评指正。

编　者

2016 年 2 月

III

目　录

1 电池片的检测

【项目导读】

通过分级检测，将性能相近的电池片进行分类包装，合格的电池片出厂，将不合格的电池片进行回收再处理。本项目规定了单晶硅、多晶硅电池片来料的检验方法，通过检验确保单晶硅、多晶硅电池片的各项性能指标符合要求。通过学习对太阳能电池片的外观检测和电性能检测，学生应能正确校准和使用太阳能电池片分选仪。

任务 1.1　认识太阳能电池片

【任务目标】

掌握太阳能电池的分类、组成结构和发电原理。

【任务描述】

太阳能电池是光伏组件的核心部件，其性能的好坏直接影响到光伏组件的性能。本任务主要是让学生掌握太阳能电池的分类、组成结构及发电原理。

【相关知识】

1.1.1　基本特性

太阳能电池的基本特性有太阳能电池的极性、太阳能电池的性能参数、太阳能电池的伏安特性三个方面。

1. 太阳能电池的极性

硅太阳能电池一般被制成 P+/N 型结构或 N+/P 型结构，P+和 N+表示太阳能电池正面光照层半导体材料的导电类型；N 和 P 表示太阳能电池背面衬底半导体材料的导电类型。太阳能电池的电性能与制造电池所用半导体材料的特性有关。

2. 太阳能电池的性能参数

太阳能电池的性能参数由开路电压、短路电流、最大输出功率、填充因子、转换效率等组成。这些参数是衡量太阳能电池性能好坏的标志。

3. 太阳能电池的伏安特性

P-N 结太阳能电池包含一个形成于表面的浅 P-N 结、一个条状及指状的正面欧姆接触、一个涵盖整个背部表面的背面欧姆接触以及一层在正面的抗反射层。当电池暴露于太阳光谱时，能量小于禁带宽度 E_g 的光子对电池输出并无贡献。能量大于禁带宽度 Eg 的光子才会对电池输出贡献能量 E_g，大于 E_g 的能量则会以热的形式消耗掉。因此，在太阳能电池的设计和制造过程中，必须考虑这部分热量对电池稳定性、寿命等的影响。

1.1.2 电池材料

太阳能电池的材料种类非常多，有非晶硅、多晶硅、CdTe、$CuInxGa_{(1-x)}Se_2$ 等半导体材料，或三五族、二六族的元素链结的材料，简单地说，凡光照后能产生电能的，就是太阳能电池寻找的材料。

电动车太阳能充电站主要是透过不同的制程和方法，测试对光的反应和吸收，做到能隙结合宽广，让短波长或长波长都可以全盘吸收的革命性突破，来降低材料的成本。

太阳能电池形式上分有基板式或是薄膜式，基板在制程上可分拉单晶式的，或相溶后冷却结成多晶的块材，薄膜式可和建筑物有较佳结合，如有曲度或可挠式、折叠型，材料上较常用非晶硅。另外还有一种有机或纳米材料，它仍属于前瞻研发。因此，也就出现了不同时代的太阳能电池：第一代为基板硅晶（Silicon Based）、第二代为薄膜（Thin Film）、第三代为新观念研发（New Concept）、第四代为复合薄膜材料。

第一代太阳能电池发展最长久，技术也最成熟，可分为单晶硅（Monocrystalline Silicon）、多晶硅（Polycrystalline Silicon）、非晶硅（Amorphous Silicon）。以应用来说，以前两者——单晶硅与多晶硅为大宗。

第二代薄膜太阳能电池以薄膜制程来制造电池。种类可分为碲化镉（Cadmium Telluride，CdTe）、铜铟硒化物（Copper Indium Selenide，CIS）、铜铟镓硒化物（Copper Indium Gallium Selenide，CIGS）、砷化镓（Gallium Arsenide，GaAs）。

第三代电池与前代电池最大的不同是制程中导入了有机物和纳米科技。种类有光化学太阳能电池、染料光敏化太阳能电池、高分子太阳能电池、纳米结晶太阳能电池。

第四代太阳能电池则是针对电池吸收光的薄膜做出多层结构。

某种电池制造技术并非仅能制造一种类型的电池，例如在多晶硅制程中，既可制造出硅晶板类型，也可以制造出薄膜类型。

1.1.3　光伏发电系统构成

太阳能发电分为光热发电和光伏发电。通常说的太阳能发电指的是太阳能光伏发电，简称“光电”。光伏发电是利用半导体界面的光生伏特效应而将光能直接转变为电能的一种技术。这种技术的关键元件是太阳能电池。太阳能电池经过串联后进行封装保护可形成大面积的太阳能电池组件，再配合上功率控制器等部件就形成了光伏发电装置。

太阳能发电系统由太阳能电池组件、太阳能控制器、蓄电池（组）等组成，如图 1-1-1 所示。

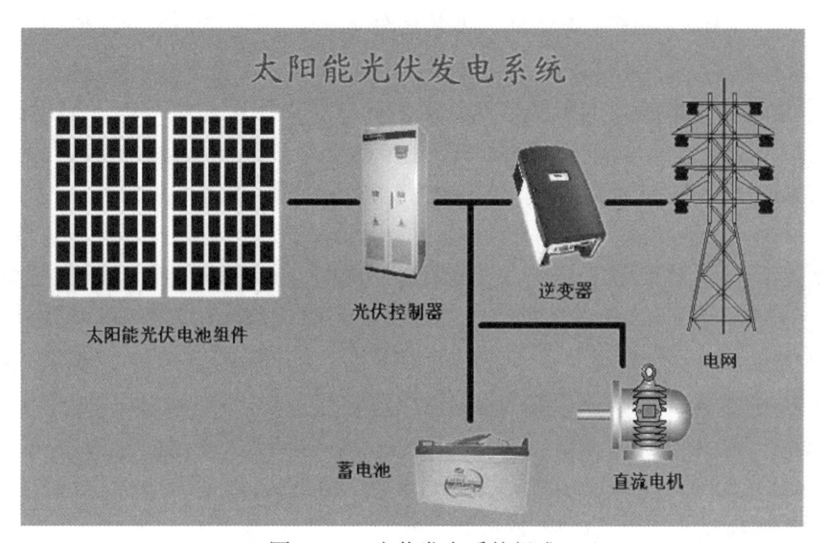

图 1-1-1　光伏发电系统组成

若输出电源为交流 220 V 或 110 V，则需要配置逆变器。各部分的作用分别为：

（1）太阳能电池板：太阳能电池板是太阳能发电系统中的核心部分，也是太阳能发电系统中价值最高的部分。其作用是将太阳的辐射能转换为电能，或送往蓄电池中存储起来，或推动负载工作。太阳能电池板的质量和成本将直接决定整个系统的质量和成本。

（2）太阳能控制器：太阳能控制器的作用是控制整个系统的工作状态，并对蓄电池起到过充电保护、过放电保护的作用。在温差较大的地方，合格的控制器还应具备温度补偿的功能。其他附加功能如光控开关、时控开关等都应当是控制器的可选项。

（3）蓄电池：一般为铅酸电池，小微型系统中也可用镍氢电池、镍镉电池或锂电池。其作用是在有光照时将太阳能电池板所发出的电能储存起来，到需要的时候再释放出来。

（4）逆变器：在很多场合，都需要提供 220V AC、110V AC 的交流电源。由于太阳能的直接输出一般都是 12V DC、24V DC、48V DC，为能向 220V AC 的电器提供电能，需要将太阳能发电系统所发出的直流电能转换成交流电能，因此需要使用 DC-AC 逆变器。在某些场合，需要使用多种电压的负载时，也要用到DC-DC逆变器，如将24V DC的电能转换成5V DC的电能（注意此处不是简单的降压）。

【任务实施】

1.1.4 电池片的分类

太阳能电池按结晶状态可分为结晶系薄膜式和非结晶系薄膜式两大类，而前者又分为单结晶形和多结晶形。根据所用材料的不同，太阳能电池还可分为：硅太阳能电池、多元化合物薄膜太阳能电池、聚合物多层修饰电极型太阳能电池、纳米晶太阳能电池、有机太阳能电池、塑料太阳能电池，其中硅太阳能电池是发展最成熟的，在应用中居主导地位。

1. 硅太阳能电池

硅太阳能电池分为单晶硅太阳能电池、多晶硅薄膜太阳能电池和非晶硅薄膜太阳能电池三种。工业上生产的硅电池片规格一般为单晶硅（直径为125mm或156mm）、多晶硅（直径为125mm和156mm）四种。其中，单晶硅电池片一般有倒角和绒面，多晶硅片表面表面常伴有冰花状花纹，单晶硅片表面则是细小的颗粒。另外，单晶硅片一般呈现黑色，多晶硅片偏蓝色。

单晶硅太阳能电池转换效率最高，技术也最为成熟。单晶硅太阳能电池在实验室里最高的转换效率为25%，规模生产时效率为20%，在大规模应用和工业生产中仍占据主导地位，但由于单晶硅成本价格高，大幅度降低其成本很困难，为了节省硅材料，我们发展了多晶硅薄膜和非晶硅薄膜作为单晶硅太阳能电池的替代产品。

多晶硅薄膜太阳能电池与单晶硅太阳能电池比较，成本低廉，而且效率高于非晶硅薄膜电池，其实验室最高转换效率为20%，工业规模生产的转换效率为18%。因此，多晶硅薄膜电池不久将会在太阳能电池市场上占据主导地位。

非晶硅薄膜太阳能电池成本低、重量轻、转换效率较高，便于大规模生产，有极大的潜力。但受制于其材料引发的光电效率衰退效应，它的稳定性不高，直接影响了其实际应用。如果能进一步解决稳定性问题及提高转换率问题，那么，非晶硅太阳能电池无疑是太阳能电池的主要发展产品之一。

2. 多晶体薄膜电池

多晶体薄膜电池中硫化镉、碲化镉多晶薄膜电池的效率较非晶硅薄膜太阳能电池效率高，成本较单晶硅电池低，并且易于大规模生产，但由于镉有剧毒，会对环境造成严重的污染，因此，它并不是晶体硅太阳能电池最理想的替代产品。

砷化镓（GaAs）III-V化合物电池的转换效率可达28%，GaAs化合物材料具有十分理想的光学带隙以及较高的吸收效率，抗辐照能力强，对热不敏感，适合于制造高效单结电池，但是GaAs材料的价格不菲，因而在很大程度上限制了用GaAs电池的普及。

铜铟硒薄膜电池（简称“CIS”）适合光电转换，不存在光致衰退问题，转换效率和多晶硅电池一样，具有价格低廉、性能良好和工艺简单等优点，它将成为今后发展太阳能电池的一个重要方向。唯一的问题是材料的来源，由于铟和硒都是比较稀有的元素，因此，这类电池的发展又必然受到限制。

3. 有机聚合物电池

以有机聚合物代替无机材料是刚刚开始的一个太阳能电池制造的研究方向。由于有机材料具有柔性好、制作容易、材料来源广泛、成本低等优势，从而对大规模利用太阳能，提供廉价电能具有重要意义。但以有机材料制备太阳能电池的研究仅仅刚开始，不论是使用寿命，还是电池效率都不能和无机材料特别是硅电池相比。能否发展成为具有实用意义的产品，还有待于进一步研究探索。

1.1.5 电池片组成结构

电池片的正面电极为负极，电极材料为丝网印刷用银浆；背面电极为正极，电极材料为丝网印刷用银浆或银铝浆。多晶硅电池片结构如图 1-1-2 所示。

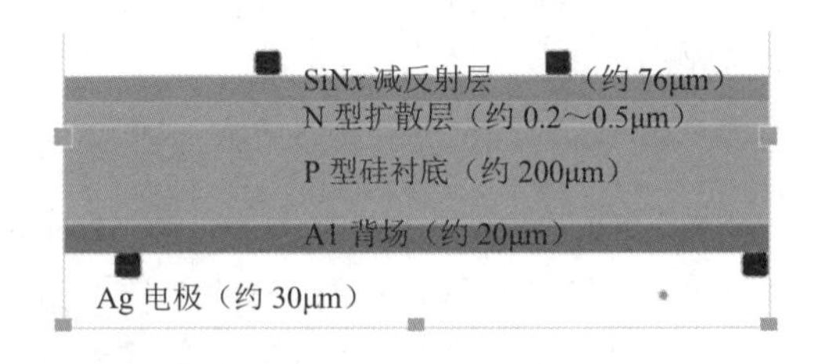

图 1-1-2　多晶硅电池片结构图

1.1.6 光伏发电原理

光生伏特效应：假设光线照射在太阳能电池上并且光在界面层被接纳，具有足够能量的光子可以在 P 型硅和 N 型硅中将电子从共价键中激起，致使发作电子一空穴对。界面层临近的电子和空穴在复合之前，将经由空间电荷的电场结果被相互分别。电子向带正电的 N 区运动，空穴向带负电的 P 区运动。经由界面层的电荷分别在 P 区和 N 区之间发作一个向外的可测试的电压。此时可在硅片的两边加上电极并接入电压表。对晶体硅太阳能电池来说，开路电压的典型数值为0.5～0.6V。经由光照在界面层发作的电子－空穴对越多，电流越大。界面层接纳的光能越多，界面层即电池面积越大，在太阳能电池中组成的电流也越大。太阳能电池的基本原理如图1-1-3所示。

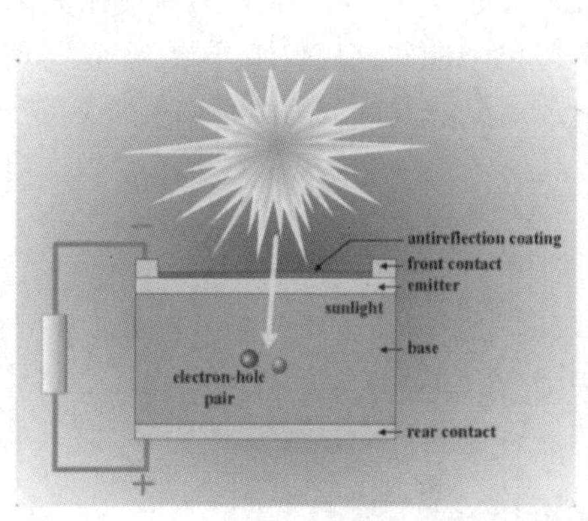

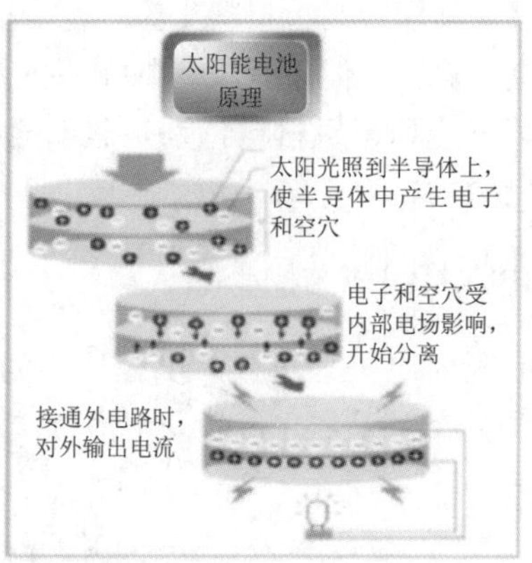

图1-1-3　太阳能电池基本原理

太阳光照在半导体P-N结上，形成新的空穴－电子对，在P-N结电场的作用下，空穴由N区流向P区，电子由P区流向N区，接通电路后就形成电流。这就是光电效应太阳能电池的工作原理。

太阳能发电方式有两种：一种是光－热－电转换方式，另一种是光－电直接转换方式。

光－热－电转换方式通过利用太阳辐射产生的热能发电，一般是由太阳能集热器将所吸收的热能转换成工质的蒸气，再驱动汽轮机发电。前一个过程是光－热转换过程；后一个过程是热－动再转换成电过程，与普通的火力发电一样。太阳能热发电的缺点是效率很低而成本很高，估计它的投资至少要比普通火电站贵5～10倍。

光－电直接转换方式是利用光电效应，将太阳辐射能直接转换成电能，光－电转换的基本装置就是太阳能电池。太阳能电池是一种由于光生伏特效应而将太阳光能直接转化为电能的器件，是一个半导体光电二极管，当太阳光照到光电二极管上时，光电二极管就会把太阳的光能变成电能，产生电流。许多个电池串联或并联起来就可以成为有比较大的输出功率的太阳能电池方阵了。太阳能电池是一种大有前途的新型电源，具有永久性、清洁性和灵活性三大优点。太阳能电池寿命长，只要太阳存在，太阳能电池就可以一次投资而长期使用，与火力发电相比，太阳能电池不会引起环境污染。

1.1.7　太阳能电池片生产

1. 硅片检测

硅片是太阳能电池片的载体，硅片质量的好坏直接决定了太阳能电池片转换效率的高低，因此需要对来料硅片进行检测。该工序主要用来对硅片的一些技术参数进行在线测量，这些参数主要包括硅片表面不平整度、少子寿命（>10μs）、电阻率、P/N型和微裂纹等。检测设备分自动上下料、硅片传输、系统整合部分和四个检测模块。其中，光伏硅片检测仪对硅片表面不平整度进行检测，同时检测硅片的尺寸和对角线等外观参数；微裂纹检测模块用来检测硅片的内部微裂纹；另外还有两个检测模块，其中一个在线测试模块主要测试硅片体电阻率和硅片类型，另一个模块用于检测硅片的少子寿命。在进行少子寿命和电阻率检测之前，需要先对硅片的对角线、微裂纹进行检测，并自动剔除破损硅片。硅片检测设备能够自动装片和卸片，并且能够将不合格品放到固定位置，从而提高检测精度和效率。

2. 表面制绒

单晶硅绒面的制备是利用硅的各向异性进行腐蚀，在每平方厘米硅表面形成几百万个四面方锥体，即金字塔结构。由于入射光在表面的多次反射和折射，增加了光的吸收，提高了电池的短路电流和转换效率。硅的各向异性腐蚀液通常为热的碱性溶液，可用的碱有氢氧化钠、氢氧化钾、氢氧化锂和乙二胺等。大多使用廉价的浓度约为1%的氢氧化钠稀溶液来制备绒面硅，腐蚀温度为 70℃～85℃。为了获得均匀的绒面，还应在溶液中酌量添加醇类（如乙醇和异丙醇等）作为络合剂，以加快硅的腐蚀。制备绒面前，硅片须先进行初步表面腐蚀，用碱性或酸性腐蚀液蚀去约 20～25μm，在腐蚀绒面后，进行一般的化学清洗。经过表面准备的硅片都不宜在水中久存，以防沾污，应尽快扩散制结。

3. 扩散制结

太阳能电池需要一个大面积的PN结以实现光能到电能的转换，而扩散炉即为制造太阳能电池PN结的专用设备。管式扩散炉主要由石英舟的上下载部分、废气室、炉体部分和气柜部分等四大部分组成。扩散一般用三氯氧磷液态源作为扩散源。把 P 型硅片放在管式扩散炉的石英容器内，在 850℃～900℃高温下使用氮气将三氯氧磷带入石英容器，通过三氯氧磷和硅片进行反应，得到磷原子。经过一定时间，磷原子从四周进入硅片的表面层，并且通过硅原子之间的空隙向硅片内部渗透扩散，形成了N型半导体和P型半导体的交界面，也就是PN结。这种方法制出的PN结均匀性好，方块电阻的不均匀性小于百分之十，少子寿命可大于10ms。制造PN结是太阳电池生产最基本也最关键的工序。因为正是PN结的形成，才使电子和空穴在流动后不再回到原处，这样就形成了电流，用导线将电流引出，就产生了直流电。

4. 去磷硅玻璃

该工艺用于太阳能电池片生产制造过程中，通过化学腐蚀法，即把硅片放在氢氟酸溶液中浸泡，使其产生化学反应生成可溶性的六氟硅酸络合物，以去除扩散制结后在硅片表面形成的一层磷硅玻璃。在扩散过程中，$POCl_3$ 与 O_2 反应生成 P_2O_5 淀积在硅片表面。P_2O_5 与 Si 反应又生成 SiO_2 和磷原子，这样就在硅片表面形成一层含有磷元素的 SiO_2，称之为磷硅玻璃。去磷硅玻璃的设备一般由本体、清洗槽、伺服驱动系统、机械臂、电气控制系统和自动配酸系统等部分组成，主要动力源有氢氟酸、氮气、压缩空气、纯水、热排风和废水。氢氟酸能够溶解二氧化硅是因为氢氟酸与二氧化硅反应生成易挥发的四氟化硅气体。若氢氟酸过量，反应生成的四氟化硅会进一步与氢氟酸反应生成可溶性的六氟硅酸络合物。

5. 等离子刻蚀

由于在扩散过程中，即使采用背靠背扩散，硅片的所有表面包括边缘都将不可避免地扩散上磷。PN 结的正面所收集到的光生电子会沿着边缘扩散，经有磷的区域流到 PN 结的背面，而造成短路。因此，必须对太阳能电池周边的掺杂硅进行刻蚀，以去除电池边缘的 PN 结。通常采用等离子刻蚀技术完成这一工艺。等离子刻蚀是在低压状态下进行的，反应气体 CF_4 的母体分子在射频功率的激发下，产生电离并形成等离子体。等离子体是由带电的电子和离子组成，反应腔体中的气体在电子的撞击下，除了转变成离子外，还能吸收能量并形成大量的活性基团。活性反应基团由于扩散或者在电场作用下到达 SiO_2 表面，在那里与被刻蚀材料表面发生化学反应，并形成挥发性的反应生成物从而脱离被刻蚀物质表面，被真空系统抽出腔体。

6. 镀减反射膜

抛光硅表面的反射率为 35%，为了减少表面反射，提高电池的转换效率，需要沉积一层氮化硅减反射膜。现在工业生产中常采用 PECVD 设备制备减反射膜。PECVD 即等离子增强型化学气相沉积。它的技术原理是利用低温等离子体作能量源，将样品置于低气压下辉光放电的阴极上，利用辉光放电使样品升温到预定的温度，然后通入适量的反应气体 SiH_4 和 NH_3，气体经一系列化学反应和等离子体反应，在样品表面形成固态薄膜，即氮化硅薄膜。一般情况下，使用这种等离子增强型化学气相沉积的方法沉积的薄膜厚度在 70nm 左右。这样厚度的薄膜具有光学的功能性。利用薄膜干涉原理，可以使光的反射大为减少，电池的短路电流和输出就有很大增加，效率也会有相当大的提高。

7. 丝网印刷

太阳能电池经过制绒、扩散及 PECVD 等工序后，已经制成 PN 结，可以在光照下产生电流，为了将产生的电流导出，需要在电池表面上制作正、负两个电极。制造电极的方法很多，而丝网印刷是目前制作太阳能电池电极最普遍的一种生产工艺。丝网印刷是采用压印的方式将预定的图形印刷在基板上，所需设备由电池背面银铝浆印刷、电池背面铝浆印刷和电池正面银浆印刷三部分组成。其工作原理为：利用丝网图形部分的网孔透过浆料，用刮刀在丝网的浆料部位施加一定压力，同时朝丝网另一端移动。油墨在移动中被刮刀从图形部分的网孔中挤压到基板上。由于浆料的黏性作用，印迹固着在一定范围内，印刷中刮板始终与丝网印版和基板呈线性接触，接触线随刮刀移动而移动，从而完成印刷行程。

8. 快速烧结

经过丝网印刷后的硅片不能直接使用，需经烧结炉快速烧结，将有机树脂黏合剂燃烧掉，剩下几乎纯粹的，由于玻璃质作用而密合在硅片上的银电极。当银电极和晶体硅在温度达到共晶温度时，晶体硅原子以一定的比例融入到熔融的银电极材料中去，从而形成上下电极的欧姆接触，提高电池片的开路电压和填充因子两个关键参数，使其具有电阻特性，以提高电池片的转换效率。烧结过程分为预烧结、烧结、降温冷却三个阶段。预烧结阶段的目的是使浆料中的高分子黏合剂分解、燃烧掉，此阶段温度慢慢上升；烧结阶段中烧结体内完成各种物理化学反应，形成电阻膜结构，使电池片真正具有电阻特性，该阶段温度达到峰值；降温冷却阶段中玻璃冷却硬化并凝固，使电阻膜结构固定地黏附于基板上。

【任务训练】

1．通过调研，了解目前太阳能电池的发展情况，提交调研报告。
2．通过调研，了解高效太阳能电池的组件封装技术，提交调研报告。

任务 1.2　太阳能电池的外观检测

【任务目标】

掌握太阳能电池的外观检验标准和外观检查方法。

【任务描述】

太阳能电池的外观除了影响光伏组件的外观外，也会影响光伏组件的使用性能和转换效率。本任务主要是让学生掌握太阳能电池的外观检验标准和外观检查方法。

【相关知识】

1.2.1　外观检验项目和标准

外观检验就是按照相关的质量检验标准（包括合同、合约、设计文件、技术标准、检验方法）对原材料进行外观检测，包括采用仪器设备检验或通过检验人员的感官来判断、检验。除了目测外，利用金相显微镜也是常见的检验方法。作为例子，这里给出单晶硅和多晶硅电池片外观检验项目和标准，如表 1-2-1 所示。

表 1-2-1　单晶硅和多晶硅电池片外观检验项目和标准

序号	检验项目	检验标准
1	裂纹片、碎片、穿孔片	如存在，判定为不符合标准
2	V 形缺口/缺角	如存在，判定为不符合标准
3	崩边	深度小于 0.5mm，长度小于 1mm，数目不超过 2 个
4	弯曲度	以塞尺测量电池片的弯曲度，125mm×125mm 电池片的弯曲度不超过 0.75mm；156mm×156mm 电池片的弯曲度不超过 1.5mm
5	正面色彩及其均匀性	在日常光照情况下，在电池片上方正对电池片观测时电池片呈蓝色；与电池片表面成 35°角观察，电池片呈褐、紫、蓝三色，目视颜色均匀

续表

序号	检验项目	检验标准
6	色差/色斑/水痕	同一批次电池片的颜色应该一致。同一片电池上因这些元素导致的色彩不均匀面积应小于 $2cm^2$，无明显色差、水痕、手印
7	正面次栅线	断线少于或等于 3 条，每条长度小于 3mm，不能允许有两个平行断线存在
8	正面栅线结点	少于 3 处，每处长度和宽度均小于 0.5mm
9	电池片正面漏浆	肉眼观测应小于 2 处，总面积小于 $1.5mm^2$
10	正面主栅线漏印缺损	不能多于 1 处，面积小于 $2.2mm^2$
11	正面印刷图案偏离	四周印刷外围到硅片边沿距离不大于 0.5mm
12	电池片正面划伤	电池片表面无划伤，但对于在制作过程中采用激光刻蚀工艺的电池片的边沿刻蚀线除外
13	背面铝印刷的均匀性	均匀，无明显不良现象
14	由于烧结炉传送带结构等因素导致的背面铝缺损	鼓包高度不大于 0.2mm，且总面积须不大于 $1.0mm^2$
15	背面印刷图案偏离	背面印刷外围到硅片边沿距离不大于 0.5mm
16	背面银铝电极缺损	断线不能多于 1 处，且长度不大于 5.0mm

1.2.2 异常情况处理方式

发现异常情况应该怎样去做？首先该做什么？其次再做什么？何为异常？

只要是连续出现或者间断出现次数较多的异于正常的生产情况都属于异常（偏好或偏差）。

当我们发现这些情况时应该怎样做呢？

- 首先要先判断异常情况是属于哪个制程？然后通知相关制程人员。
- 若确信自己可以找相关制程人员沟通，提出改善现状要求，并且能够跟踪改善结果，可以自己处理好那是非常好，如果做不到或通知后不起效果找领班去处理。
- 我们大家都要养成一个好习惯，那就是善于发现问题，试着去解决，这样你会学到很多东西。

（1）色差片是怎样产生的？

这与化学气相沉积时间有关，时间长会发白，时间短会发黄。

（2）光面片是怎样产生的？

首先是因为片子本身就是光面片，其次是在腐蚀中加入 NaOH 量过多而造成的。

（3）对外形片如何处理？

单测单包（前道丝印也要单独挑出，选择合适的网板印刷）。

（4）绒面色斑是怎么来的？

一方面是硅片的表面存在一定的脏污在制绒时没能清洗干净，另一方面是我们的工艺卫生不到位，手指印、吸盘印、化学品没有处理干净。

（5）对未烧透的片子如何理解？

硅片与硅片之间存在一定的厚度差，如果薄片中间夹着厚片就会烧不透，烧结的温度低了。

（6）如何导致隐裂片？如何判断？

基本上是原材料的问题，另外是片子在扩散高温反应后内部分子发生碰撞。在多晶片里，有些隐裂片裂痕不是很长，可以按文件要求作需切角。

（7）如何判断氧化的电池片？

如果没有将电池片烘干，可根据其氧化后的颜色（氧化后为黄色）判断。

（8）如何知道漏浆发生在哪一道？

以浆料的颜色来判，第二道与第三道的浆料是不变的，分别是铝浆和银浆，颜色分别为灰色、白色。第一道有可能是银浆或银铝浆，银铝浆是灰白色，另外，要看漏浆的位置。

（9）对断线未超过 2mm 的电池片，为什么判定标准不一致？

首先按照文件判定是否超过要求的条数，如果没有，按断线的明显程度及位置再进行判定。

【任务实施】

1.2.3 认识金相显微镜

1. 金相显微镜的结构及作用

太阳能电池检查显微镜（55C-DCB 型显微镜如图 1-2-1 所示）可对太阳能电池生产过程中每个环节产生的表面缺陷进行细微的检查和测量。它不仅可以检查太阳能电池表面颜色色差、绒面色斑、亮斑、裂纹、穿孔、崩边、掉角、缺口、印刷偏移，主、副栅线及背电极的断线、缺损、扭曲、变色等缺陷，还可对杂质、残留物成分进行分析。杂质包括：颗粒、有机杂质、无机杂质、金属离子、硅粉粉尘等。造成磨片后的硅片易发生变花、发蓝、发黑等现象，太阳能电池检查显微镜同时可以测量太阳能电池片裂纹长度，崩边长度角度，印刷位移角度偏差，主、副栅线及背电极的宽度、均匀度，栅线间距离及副栅线到电池边的距离，栅线、断线长度，断线缺损和变色的面积等。金相显微镜系统配置了优质无限远光路系统的三目透反射金相显微镜XJ-55C、500 万高清晰数字摄像头及图像测量管理软件，可对太阳能电池板图像进行检查、拍照、测量、编辑和保存输出等多种操作。金相显微镜是太阳能电池硅片检查的理想仪器。

金相显微镜的性能特点：

（1）显微镜采用了最为先进的无限远光路设计，使成像更清晰。

（2）配置了落射照明装置、视场光栏和孔径光栏，同时配有偏光装置。

（3）可以测量太阳能电池片裂纹长度、崩边长度角度、印刷位移角度偏差。

图 1-2-1　太阳能电池检查显微镜 55C-DCB

（4）可以测量主、副栅线及背电极的宽度、均匀度，栅线间距离及副栅线到电池边的距离，栅线、断线长度，断线缺损和变色的面积。

（5）可以检查太阳能电池表面颜色色差、绒面色斑、亮斑、裂纹、穿孔、崩边、掉角、缺口、印刷偏移，主、副栅线及背电极的断线、缺损、扭曲、变色等现象。

（6）可对杂质、残留物成分进行分析。杂质包括：颗粒、有机杂质、无机杂质、金属离子、硅粉粉尘等。

2. 显微镜规格参数

金相显微镜系统配置如表 1-2-2 所示。金相显微镜技术参数如表 1-2-3 所示。

表 1-2-2　金相显微镜系统配置

序号	配置名称	主要规格参数
1	三目透反射金相显微镜 XJ-55C	50×～800×
2	500 万高清数字摄像头 PZ-500M	500 万像素
3	摄像接口 MCL	1×或者 0.5×
4	图像测量管理软件	具有单张或定时采集图像、录像、显示比例尺、测量、图像拼接、融合等功能，并可以连接多媒体、打印、E-mail 等多种输出方式
5	联想台式机（选购）	Windows XP、Windows 7 系统，内存 1G 以上，独立显卡的大小在 512M 以上，PCI 插槽
6	佳能打印机（选购）	彩色激光打印机

表 1-2-3 金相显微镜技术参数

序号	名称	技术参数
1	平场目镜	大视野 WF10×（Φ22mm）
2	长距平场物镜	无限远 PLL5×/0.12、10×/0.25、20×/0.40、40×/0.60、80×/0.80
3	总放大倍数	50×～800×
4	观察头	三目，铰链式，30°倾斜，可 360°旋转
5	转换器	五孔（内向式滚珠内定位）
6	粗调调焦范围	粗微动同轴调焦，带锁紧和限位装置，微动格值：2μm
7	载物台	双层机械移动式（尺寸：210mm×140mm，移动范围：75mm×50mm）
8	光瞳距离	53～75mm
9	滤色片	蓝、磨砂
10	聚光镜	N.A.1.25 阿贝聚光镜，带可变光栏，可上下升降
11	落射照明系统	6V 30W 卤素灯，亮度可调
		内置视场光栏、孔径光栏、滤色片（黄、蓝、绿，磨砂玻璃）转换装置，推拉式起偏振器
12	透射照明系统	6V 30W 卤素灯，亮度可调
13	仪器重量	净重 10.0 公斤，毛重 12.0 公斤
14	仪器尺寸	仪器尺寸：26×46×55（cm），包装尺寸：28×35×65（cm）

3. 金相显微镜的使用方法

金相显微镜是一种精密的光学仪器，必须细心谨慎使用。初次操作显微镜之前，应首先熟悉其构造特点及主要部件的相互位置和作用，然后按照显微镜的使用规程进行操作。

在使用 55C-DCB 型金相显微镜时，应按下列步骤进行：

（1）根据放大倍数选用所需的物镜和目镜，将其分别安装在物镜和目镜筒内，并使转换器转至固定位置（由定位器定位）。

（2）转动载物台，使物镜位于载物台中心孔的中央，然后把金相试样的观察面朝下倒置在载物台上。

（3）将显微镜的电源插头插在变压器上，通过低压（6～8V）变压器接通电源。

（4）转动粗调手轮，使载物台渐渐上升以调节焦距，当视场亮度增强时再改用微调手轮进行调节，直至物象调整到最清晰程度为止。

（5）适当调节孔径光栏和视场光栏，以获得最佳质量的物象。

（6）如果使用油浸系物镜，则可在物镜的前透镜上滴一点松柏油，也可以将松柏油直接滴再试样的表面上。油镜头用完后应立即用棉花蘸取二甲苯溶液擦净，再用镜头纸擦干。

4. 金相显微镜注意事项

在使用金相显微镜时，应注意以下事项：

（1）金相试样要干净，不得残留酒精和浸蚀液，以免腐蚀显微镜的镜头，更不能用手指去触摸镜头。若镜头中落有灰尘，可以用镜头纸擦拭。

（2）操作时必须特别细心，不得有粗暴和剧烈的动作，光学系统不允许自行拆卸。

（3）在更换物镜或调焦时，要防止物镜受碰撞损坏。

（4）在旋转粗调或微调手轮时，动作要缓慢，当碰到某种障碍时应立即停下来，进行检查，不得用力强行转动，否则将会损坏机件。

【任务训练】

1. 采用金相显微镜观察太阳能电池的表面特征并描述看到的情况。
2. 实际操作金相显微镜观察太阳能电池的正面栅线的高度和宽度。

任务 1.3　太阳能电池的电性能检测

【任务目标】

掌握太阳能电池在标准测试条件下电性能的检测方法；掌握太阳能电池分选测试仪的使用方法和规程；掌握太阳能电池测试分选的作业标准。

【任务描述】

太阳能电池的电性能差异会影响到光伏组件的电性能。本任务主要是让学生掌握太阳能电池电性能的检测方法、检测设备，掌握太阳能电池测试分选的工作标准。

【相关知识】

1.3.1　认识和使用太阳能电池分选测试仪

1. 设备描述

太阳能电池单片测试仪通过模拟太阳光谱光源，对电池片的相关电参数进行测量，根据测量结果将电池片进行分类。它具备独有的校正装置，可输入补偿参数，进行自动/手动温度补偿和光强度补偿，具备自动测温与温度修正功能，主要用于单晶硅和多晶硅太阳能电池的电性能参数的分选和结果记录。

（1）设备组成部件简介。

太阳模拟器：模拟正午太阳光，照射待测电池片，通过测试电路获取待测电池片的性能指标。

太阳模拟器包括：

控制电路：实现氙灯闪灯控制及电容充电/放电控制。

电容充电电路：实现对超级电容的充电和过压保护，在程序控制下稳定电容电压。

氙灯高压电路：产生近 9kV 的高压，点亮氙灯。

电子负载：连接待测电池片、标准电池和温度探头，获取待测电池片的电压、电流，通过标准电池获取光强。

信号：通过温度探头获取测试环境温度，并将数据提供给采集卡做分析、处理。

控制电路：提供人机界面和控制接口、操作界面，可进行参数设定。

（2）主要技术指标。

开路电压（U_{OC}）：在光照下，电池片没有接负载时的电压。

短路电流（I_{SC}）：在光照下，电池片短路时的输出电流。

最大功率（P_{max}）：在光照下，电池片所能输出的最大功率。

最大功率下的电压（U_m）/电流（I_m）。

填充因子 FF：P_{max}（$U_{OC}\times I_{SC}$），体现电池的输出功率随负载的变动特性。

效率 Eff：在光照下，电池片的工作效率。

等效串联电阻：太阳能电池片内部的等效串联电阻会影响其正向伏安特性和短路电流，另外串联电阻的增大会使太阳能电池的填充因子和光电转换效率降低。

（3）太阳能电池分选测试仪主要技术参数如表 1-3-1 所示。

表 1-3-1　太阳能电池分选测试仪（SMT-A）参数

名称	参数
光源	1500W 大功率脉冲氙灯，氙灯寿命 10 万次（进口）
光谱范围	100mW/cm^2（调节范围 70～120mW/cm^2）
辐照强度	范围符合 IEC 60904-9 光谱辐照度分布要求（AM1.5）
辐照	≤±2%（A 级）
辐照不稳定度	≤±2%（A 级）
测试结果一致性	≤±0.5%（A 级）
数据采集	*I-U*、*P-U* 曲线超过 8000 个数据采集点
单次闪光时间	0～100ms 连续可调，步进 1ms
有效测试面积	2000mm×1200mm
测试速度	6 秒/片
有效测试范围	20～300W
测量电压范围	0～150V（分辨率为 1mV），量程：1/16384
测量电流范围	200mA～20A（分辨率为 1mA），量程：1/16384

续表

名称	参数
测试参数	I_{SC}、U_{OC}、P_{max}、U_m、I_m、FF、Eff、T_{amb}、R_s、R_{sh}、I_r
测试条件校正	自动校正

2. 电池片的测试

（1）电池片测试前，需在测试室内放置 24h 以上，然后才能进行测试。

（2）测试环境温度和湿度要求：温度为(25±3)℃，湿度为 20%～6%，测试时保证门窗关闭，无尘。

【任务实施】

1.3.2 单片测试仪（以武汉三工单片测试仪为例）

太阳能电池分选机（太阳能单片测试仪）专门用于太阳能单晶硅和多晶硅单体电池片的分选筛选，如图 1-3-1 所示。

图 1-3-1 太阳能电池测试仪示意图

1. 技术特点

武汉三工单片测试仪的技术特点包括以下几个方面：

（1）恒定光强：在测试区间保证光强恒定，确保测试数据真实可靠。闪灯脉宽为 0～100ms，连续可调，步进 1ms，适应不同的电池片测量。

（2）数字化控制保证测试精度：硬件参数可编程控制，简化设备调试和维护。

（3）采用 2M×4 路高速同步采集卡，具有更多还原测试曲线细节，可准确反映被测电池片的实际工作情况。

（4）采用红外测温，可真实反映电池片的温度变化，并自动完成温度补偿。

（5）自动控制：在整个测试区间实时侦测电池片和主要单元电路的工作状态，并提供软/硬件保护，保证设备的可靠运行。

2. 技术参数

武汉三工单片测试仪的技术参数如表 1-3-2 所示。

表 1-3-2　武汉三工单片测试仪的技术参数

项目	SCT-B	SCT-A	SCT-AAA
光强范围	100mW/cm²（调节范围为 70～120mW/cm²）		
光谱	范围符合 IEC 60904-9 光谱辐照度分部要求（AM1.5）		
辐照度均匀性	±3%	±2%	±2%
辐照度稳定性	±3%	±2%	±2%
测试重复精度	±1%	±5%	
闪光时长	0～100ms 连续可调，步进 1ms		
数据采集	*I-U*、*P-U* 曲线超过 8000 个数据采集点		
测试系统	Windows XP		
测试面积	200mm×200mm		
测试速度	3 秒/片		
测量温度范围	0～50℃（分辨率为 0.1℃），采用红外线测温，直接测量电池片温度		
有效测试范围	0.1～5W		
测量电压范围	0～0.8V（分辨率为 1mV）量程为 1/16384		
测量电流范围	200mA～20A（分辨率为 1mA）量程为 1/16384		
测试参数	I_{SC}、U_{OC}、P_{max}、U_m、I_m、FF、Eff、T_{amb}、R_s、R_{sh}		
测量条件校正	自动校正		
工作时间	设备可持续工作 12h 以上		
电源	单相 220V/50Hz/2kW		

3. 工作过程

单片测试仪的工作过程如下：在电池片被夹持机构可靠夹持的同时，脉冲氙灯闪光一次，发出光谱和光强都接近于太阳光的光线射向电池片，电池片产生的电流、电压等测试数据通过电子负载及信号放大器和 A/D 转换电路等被送到计算机，计算机对这些数据进行采集、处理、储存，并将测试数据和光伏特性曲线显示出来，或通过打印机打印出来。

4. 操作要点

以武汉三工设备为例，单片测试仪的测试步骤如下：

（1）按待测电池的尺寸，调整电池片与测试台底板的中心位置一致，并锁定定位尺，在测试台上固定好标准电池，调整好测试电极板的位置和间距。

（2）将电脑电源打开，启动运行测试程序，点击“数据采集及测量”下拉菜单上的“数据卡校验”按钮，进行采集卡校验，并短接电池板检测线的正负极（红黑线头）。此步操作用来自动设置数据采集通道的“零电压”点。

（3）关闭上述校验窗口，打开“设备设置/硬件设置”，分别在硬件设置对话框的电流和电压通道中选择合适的测试挡位；在温度通道各数值栏填入标准单体电池片的电流及电压温度系数、串联电阻、曲线修正系数的数值和串、并联电池数，然后确认并退出设置。

（4）在 $100mW/cm^2$ 的光强条件下测试标准单体电池，并根据所检测的数据与标准电池的额定数据的误差，分别对开路电压（U_{OC}）、短路电流（I_{SC}）、最大功率时电流（I_m）及最大工作时电压（U_m）进行校正。具体的就是分别在硬件设置通道对电流、电压修正系数进行修改，直至测试结果与额定数据之间的误差小于±2%。

1.3.3　标准条件下太阳能电池的电性能测试

太阳能电池产生电能的大小不仅与其转换效率有关，还与太阳辐照度和太阳能电池的面积有关。为了使不同的太阳能电池之间的输出功率具备可比性，必须在相同的标准条件下去测试太阳能电池。国际通用的标准测试条件包括：

（1）太阳辐照度：$1000W/m^2$。

（2）太阳光谱：AM1.5。

（3）测试温度：(25±2)℃。

【任务训练】

1．采用标定好的单晶硅太阳能电池片对太阳能电池分选测试仪进行校准，并对 125mm×125mm 单晶硅太阳能电池片的电性能进行测试。

2．采用标定好的多晶硅太阳能电池片对太阳能电池分选测试仪进行校准，并对 156mm×156mm 多晶硅太阳能电池进行测试。

3．自行搭建太阳能电池的测试平台，对太阳能电池进行 *I-U* 特性曲线的测量。

4．设计实验，测量太阳能电池的温度系数。

2 太阳能组件的焊接

【项目导读】

太阳能组件要实现发电的功能必须要将单片的电池连接起来使其成为一个整体，常见的连接方式为焊接。但是焊接过程如果控制不当就会造成热斑、碎片等现象，严重时会影响组件的寿命甚至是烧毁组件，因此大多数晶硅组件车间将焊接定为特殊过程，以便随时监控。

在太阳能电池组件的制造流程中，电池片的正面单焊和背面串焊的质量非常重要。由于太阳能组件的设计使用寿命为25年左右，且组件通常安装在户外，每天要承受几十摄氏度的温度变化，而焊带基材为纯铜，铜的膨胀系数约为硅（电池片）的6倍，只要有温度变化，焊带与电池片都会受力，因此对于不良的焊接，严重时会导致组件失效。

太阳能电池片的焊接分为手工焊接和机器焊接。手工焊接是指通过人工进行电池片的单焊和串焊。机焊是通过自动串焊机来完成电池片的焊接工作和电池串的排版工作。

在光伏组件生产和制造过程中，电池片的焊接是重要的工序之一。焊接工艺分为：单焊（单片焊接）和串焊（串联焊接）。单焊：指在电池片的正面主栅线上焊接两条焊带。串焊：指将单片焊接好的电池片按照工艺要求的数量一片片串联焊接在一起。在自动焊接中，单焊和串焊是通过自动焊接机同时完成的。

焊接时所要用到的工具：恒温电烙铁、作业手套、橡胶指套、点温仪、物料盒、PP塑料中空板、无尘纸、烧杯、棉签、串焊模板。焊接时所用的材料：电池片、助焊剂、酒精、互联条、焊锡丝。

任务 2.1　基础焊接练习

【任务目标】

了解焊接基本工艺，掌握电烙铁的使用和保养方法、使用技术要领。

【任务描述】

认识焊接工具，掌握焊接的工艺和技术要领。

【相关知识】

2.1.1　焊接及其工艺

焊接就是利用加热或其他方法，使两种材料产生有效、牢固、永久的物理连接。焊接方法包括熔焊、钎焊和接触焊。

熔焊是指焊接过程中，将焊接接头在高温的作用下转变为熔化状态，如图 2-1-1 所示。由于被焊工件是紧密贴在一起的，在温度场、重力等的作用下，不加压力，两个工件熔化的熔液会发生混合现象。待温度降低后，熔化部分凝结，两个工件会就被牢固地焊在一起，完成焊接。常见的熔焊方法有电弧焊、激光焊、等离子焊及气焊等。

接触焊接是在加热的烙铁嘴（tip）或环（collar）直接接触焊接点时完成的，如图 2-1-2 所示。常用的方法有对接焊、点焊、缝焊等。

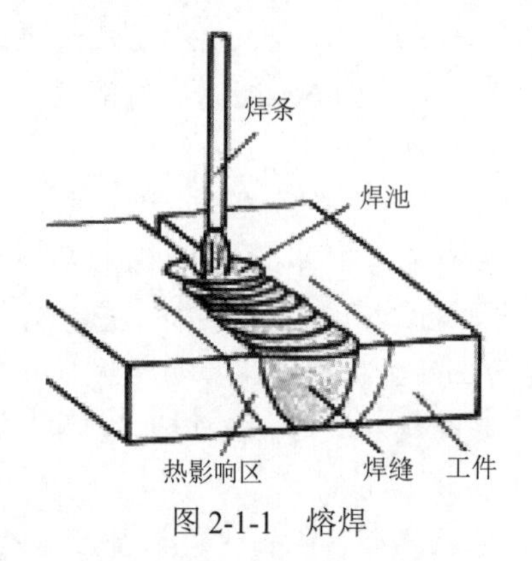

图 2-1-1　熔焊

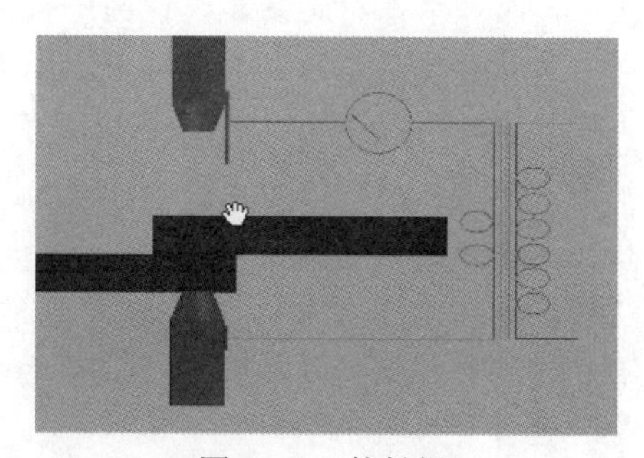
图 2-1-2　接触焊

钎焊是指在焊件不熔化的状况下，将熔点较低的钎料金属加热至熔化状态，并使之填充到焊件的间隙中，与被焊金属相互扩散达到金属间结合，如图 2-1-3 所示。光伏组件生产过程中主要采用的焊接方法就是钎焊。钎焊又分为软焊和硬焊，熔点高于 450℃的焊接属于硬焊，锡焊属于钎焊中的软钎焊，钎料熔点低于 450℃时，习惯把钎料称为焊料，采用铅锡焊料进行的焊接称为铅锡焊。

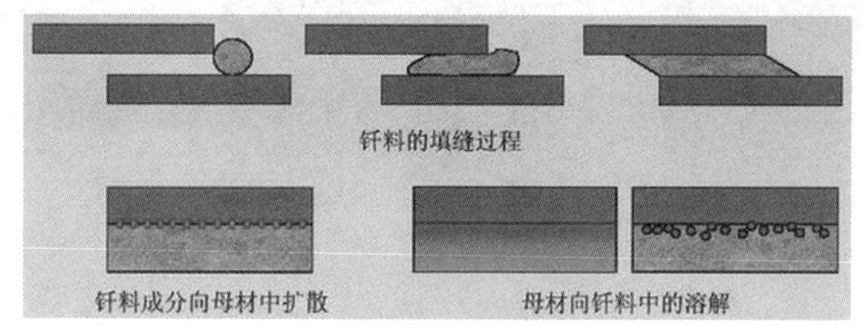

图 2-1-3　钎焊原理图

2.1.2　焊接工艺参数

焊接温度：高于焊料熔点 25℃～60℃，以保证焊料填满空隙。

加热速度：根据电池片的厚薄程度、焊带的材料、形状和大小等因素确定。焊件越薄，尺寸越小，焊接加热速度越快。

冷却速度：根据电池片和焊带的材料、形状和大小确定。快冷有利于焊缝组织细化，提高其力学性能。但对于较脆的电池片，应注意不能快冷，以防产生冷裂纹。

焊接时间：由焊件的大小及焊料与电池片相互作用的剧烈程度决定。大尺寸的焊件焊接时间较长，小尺寸的焊件时间较短。

预热温度：焊接电池片时，在焊接工作台要配备电池片自动恒温加热控制器及加热板，对准备焊接的电池片进行预热。

加热板的温度决定了电池片的整体温度，温度过高会导致待焊电池片变形，加热温度过低会使待焊电池片和电烙铁之间温差过大，造成电池片碎裂。

2.1.3　焊接工具和材料

1. 烙铁

（1）烙铁分类。

按功率来分，一般可分为 100W、60W、45W、40W、30W、20W 等六种烙铁。功率的大小决定了烙铁发热的程度（温度），因此选用不同温度的烙铁，首先要考虑其功率（瓦数）是否合适。

烙铁按发热的方式来分，一般分为：外热式、内热式。内热式特点是发热（温度上升）比较快，而外热式烙铁发热（温度上升）较慢。

按烙铁的温度是否恒定来分，一般分为：恒温烙铁、调温烙贴、普通烙铁，如图 2-1-4 所示。恒温烙铁一般用于对温度影响敏感的元器件，普通烙铁、调温烙铁用于一般元件的焊接。

（2）烙铁的握法。

为了人体安全，烙铁一般离开鼻子的距离通常以 30cm 为宜。电烙铁拿法有三种，如图 2-1-5 所示。

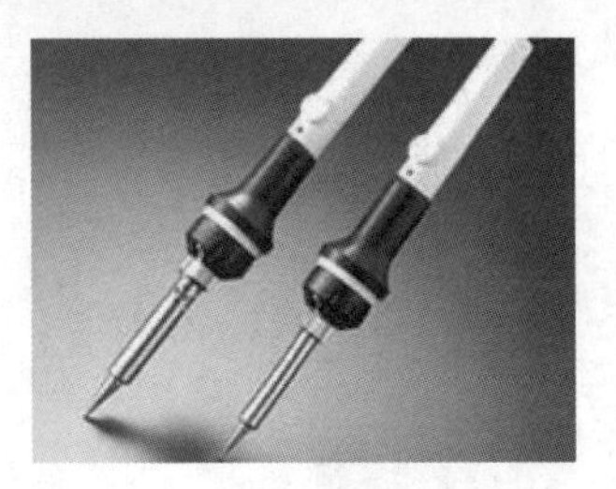

恒温烙铁

调温烙铁

普通烙铁

图 2-1-4　电烙铁

反握法

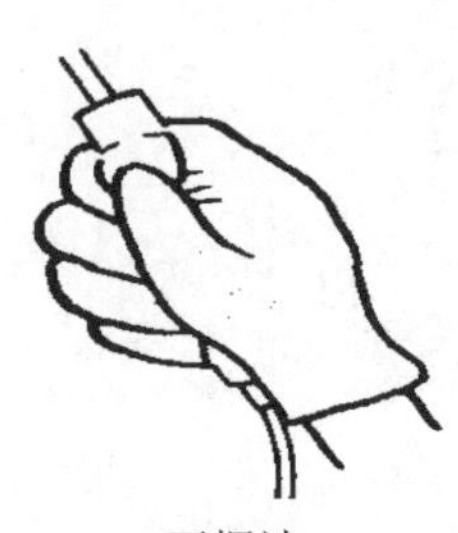

正握法

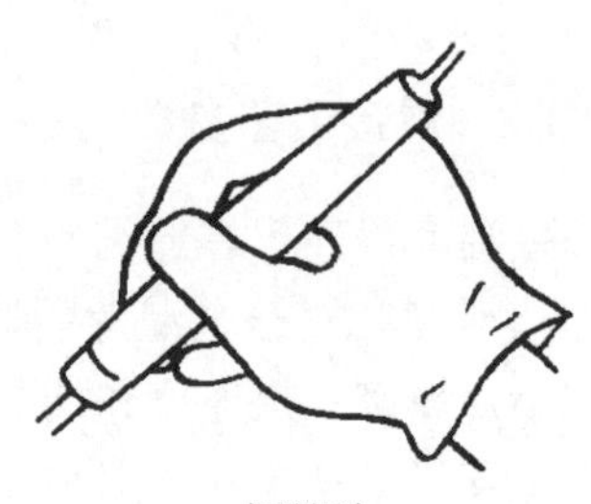

握笔法

图 2-1-5　电烙铁的握法

反握法：动作稳定，长时间操作不宜疲劳，适合于大功率烙铁的操作。

正握法：适合于中等功率烙铁或带弯头电烙铁的操作。

握笔法：一般在工作台上焊印制板等焊件时，多采用握笔法。

（3）烙铁温度的识别。

通常根据助焊剂的发烟状态用目测法判断烙铁头的温度（如图 2-1-6 所示）：在烙铁头上熔化一点松香芯焊料，温度低时，发烟量小，持续时间长；温度高时，烟气量大，消散快；在中等发烟状态，6～8 秒烟气就可消散时，温度约为 300℃，这是焊接的合适温度。

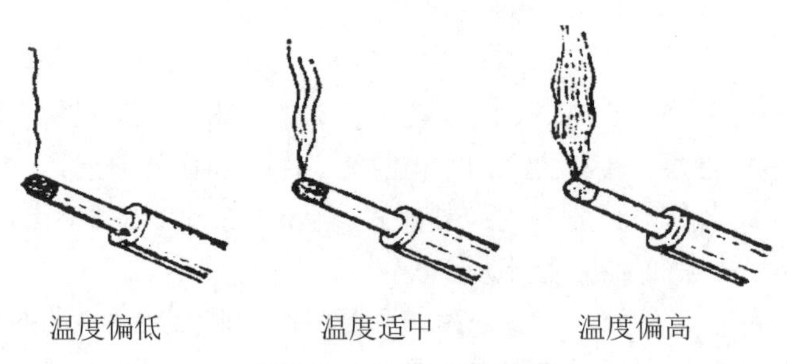

温度偏低　　温度适中　　温度偏高

图 2-1-6　烙铁的温度

（4）烙铁功率与温度的关系。

15W　280℃——400℃　　　　20W　290℃——410℃

25W　300℃——420℃　　30W　310℃——430℃

40W　320℃——440℃　　50W　320℃——440℃

60W　340℃——450℃

2. 烙铁头

烙铁头按形状可分为：尖嘴烙铁、斜嘴烙铁、平口烙铁，如图 2-1-7 所示。

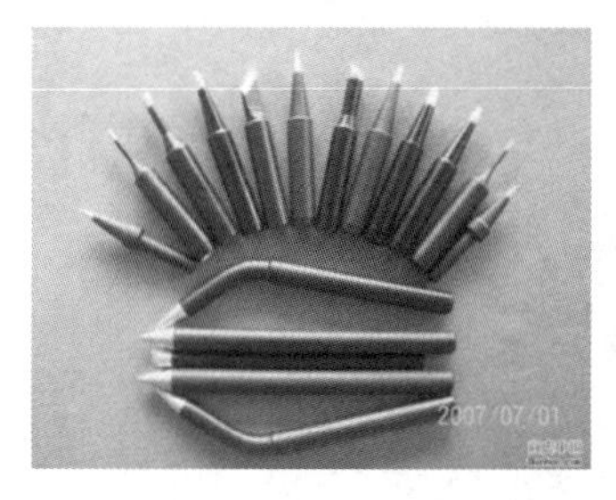

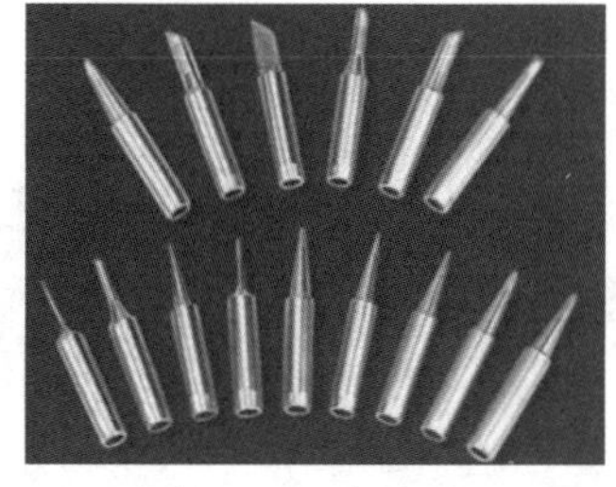

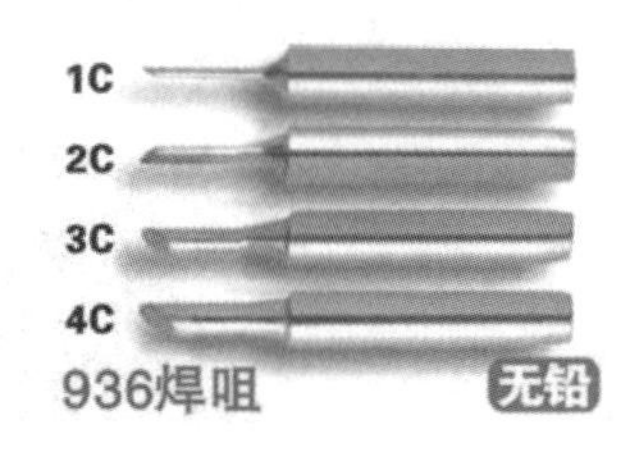

图 2-1-7　烙铁头

烙铁头的选用：

尖嘴烙铁：一般用于焊接温度较低、零件脚和焊盘比较小的零件或贴片元件，以及集成电路等多脚（脚间距密集）的零件。

斜嘴烙铁：一般用于用锡量比较多，焊盘和零件脚比较大的情况。

平口烙铁：多用于烫胶固定。

3. 吸水海绵

（1）海绵含水量的标准：将海绵泡入水中取出后对折，握住海绵稍施加力，以使水不流出为准，如图 2-1-8 所示。

（2）海绵含水量不当的后果：第一，会使烙铁头在擦拭时温度变化大；第二，会导致烙铁头的使用寿命缩短；第三：会导致温度低后升温慢，直接影响焊接质量且造成时间的浪费。

当我们拿到新海绵时，应在边沿剪开一个缺口，作用为将烙铁上的残锡刮掉。

未吸水前

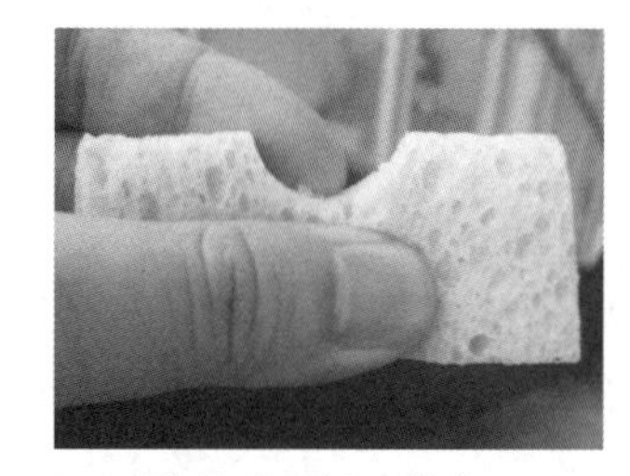

吸水后对折，挤水

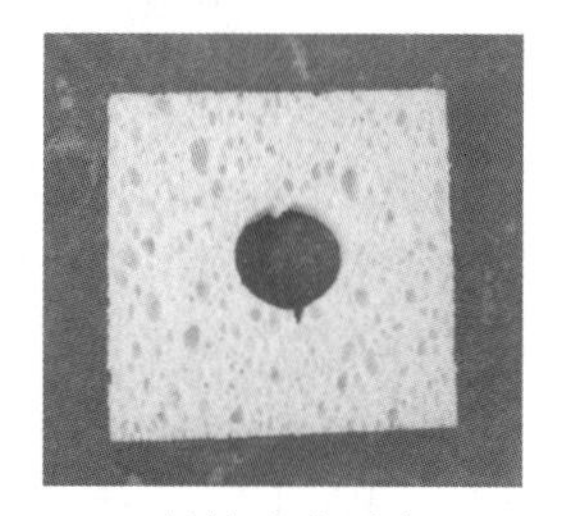

保持水分适中

图 2-1-8　吸水海绵

4. 锡线

焊锡丝（锡线、锡丝）是手工焊接用的焊料，焊锡丝是管状的，由焊剂与焊锡制作在一起，在焊锡管中夹带固体焊剂，如图 2-1-9 所示。焊剂一般选用特级松香为基质材料，并添加一定的活化剂，如盐酸二乙胺等。锡铅组分不同，熔点就不同。

（1）锡线的种类。

锡线按锡铅比率可分：Sn63Pb37、熔点 183℃，Sn62Pb36Ag2、熔点 179℃等；按锡丝的直径可分为 0.6、0.8、1.0、1.2 等多种。

图 2-1-9 焊锡线

（2）锡线的拿法。

焊接时，一般左手拿焊锡线，右手拿电烙铁。焊锡丝一般有两种拿法：进行连续焊接时采用如图 2-1-10（a）所示的拿法，这种拿法可以连续向前送焊锡丝；只焊几个焊点时采用如图 2-1-10（b）所示的拿法，这种拿法不适合连续向前送焊锡丝。

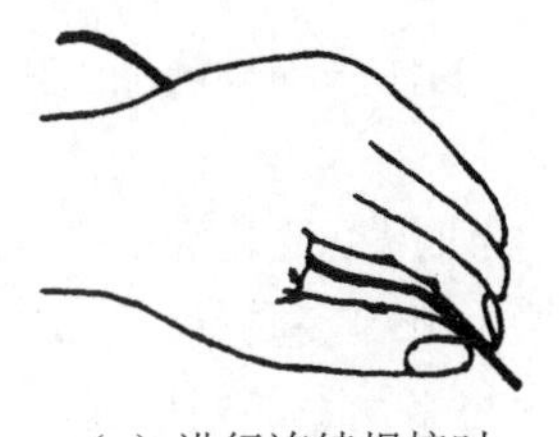

（a）进行连续焊接时

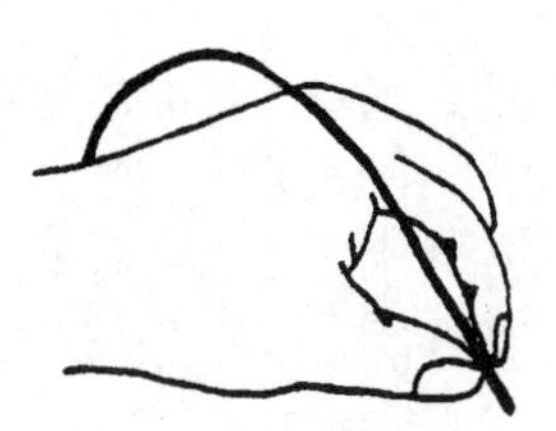

（b）只焊几个焊点时

图 2-1-10 焊锡丝拿法

5. 助焊剂

助焊剂（氧化剂）一般为工业酒精与松香水的混合物，其比例的大小决定了氧化性的强弱，氧化性的强弱会影响焊接化学反应的快慢、难易。

助焊剂的作用是清除金属表面氧化物、硫化物、油和其他污染物，并防止在加热过程中焊料继续氧化，同时，它还具有增强焊料与金属表面的活性、增加浸润的作用。

有时对于已经氧化（钝化）的焊盘铜箔、零件脚，或表面镀镍、锌等难以焊接的元件，需要加助焊剂。某些元件要求不要长时间加热，焊接时间要短，比如焊接集成电路，须先用毛笔刷少量助焊剂，增强其焊接性，缩短其焊接时间。

一般情况下，焊锡丝内已包含了适量的助焊剂，无须额外增加助焊剂。

【任务实施】

2.1.4 焊接技法

1. 五步法焊接（又称“点焊法”。）

五步法焊接适用于直插件的单点焊接，如图 2-1-11 所示。

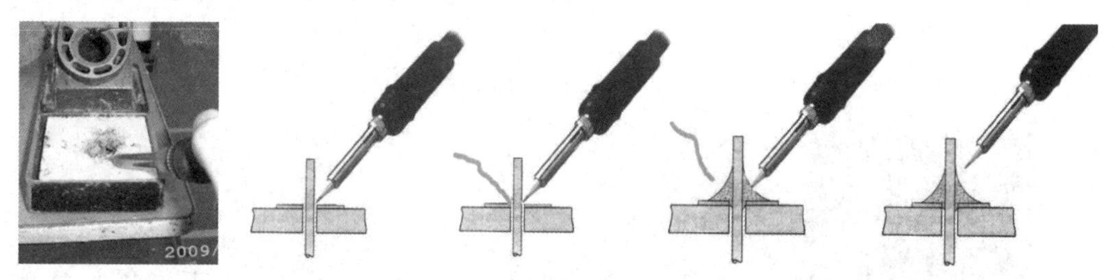

①焊接准备→②加热焊件→③熔锡润湿→④撤离焊锡→⑤停止加热

图 2-1-11　点焊法

准备焊接：清洁烙铁头，使烙铁头部保持干净（烙铁头前端因助焊剂污染，易形成焦黑残渣，妨碍烙铁头前端的热传导），确保烙铁头可以上锡。

清洁海绵：每天使用烙铁头前要用清洁剂将海绵清洗干净，若沾在海绵上的焊锡附着在烙铁头上，会导致助焊剂不足，同时海绵上的残渣也会造成二次污染烙铁头。

烙铁头的温度超过松香溶解温度后插入松香，使其表面涂覆一薄层松香，然后才能开始进行正常焊接。

加热焊件：将烙铁头放在被焊金属的连接点，焊件通过与烙铁头接触获得焊接所需要的温度。注意：要保持烙铁加热焊件各部分，例如印制板上引线和焊盘都应受热；要让烙铁头的扁平部分（较大部分）接触热容量较大的焊件，烙铁头的侧面或边缘部分接触热容量较小的焊件，以保持焊件均匀受热。

接触位置：烙铁头应同时接触需要互相连接的两个焊件，如图 2-1-12 所示，烙铁头一般倾斜 45 度，应该避免只与一个焊件接触或接触面积太小的现象。

接触压力：烙铁头与焊件接触时应施以适当压力，以对焊件表面不造成损伤为原则。

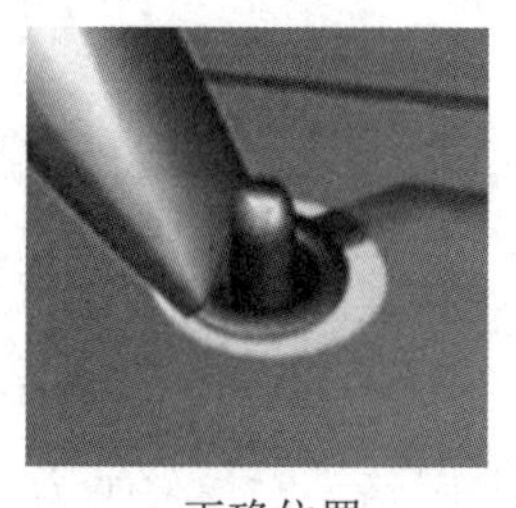

正确位置

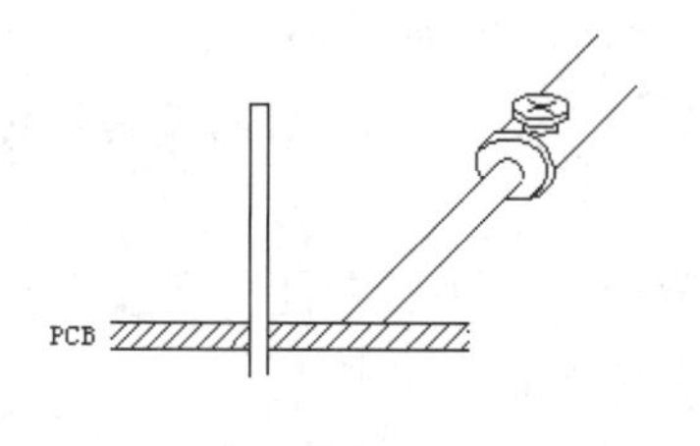

错误（远离焊件）

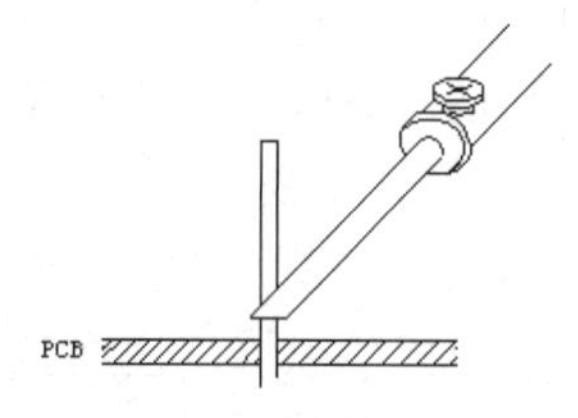

错误（远离焊盘）

图 2-1-12　焊接位置

熔锡润湿：当焊件加热到能熔化焊料的温度时，将锡丝放在烙铁头对侧处，焊料开始熔化并润湿焊点。

送锡时机：原则上是焊件温度达到焊锡溶解温度时立即送上焊锡丝。

供给位置：焊锡丝应接触在烙铁头的对侧，如图 2-1-13 所示。因为熔融的焊锡具有向温度高方向流动的特性，在对侧加锡，它会很快流向烙铁头接触的部位，可保证焊点四周均匀布满焊锡。若供给的焊锡丝直接接触烙铁头，焊锡丝很快熔化覆盖在焊接处，如工件其他部位未达到焊接温度，易形成虚焊点。

供给数量：确保润湿角在 15～45°间，焊点圆滑且能看清工件的轮角。

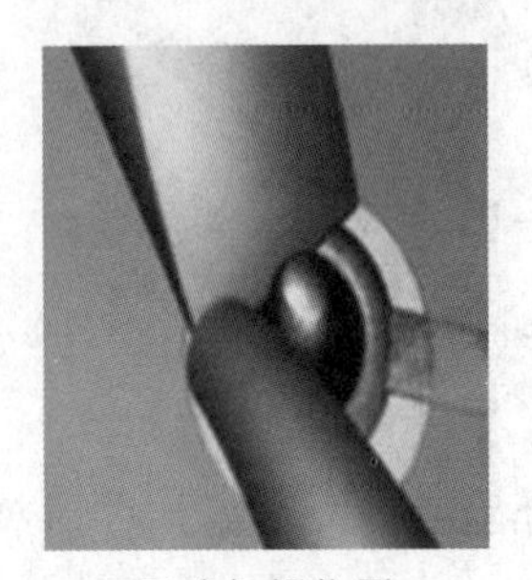

正确加锡位置

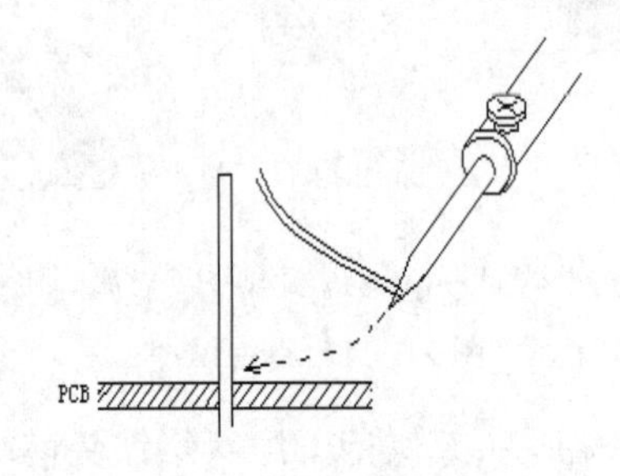

错误（先加锡于烙铁嘴）

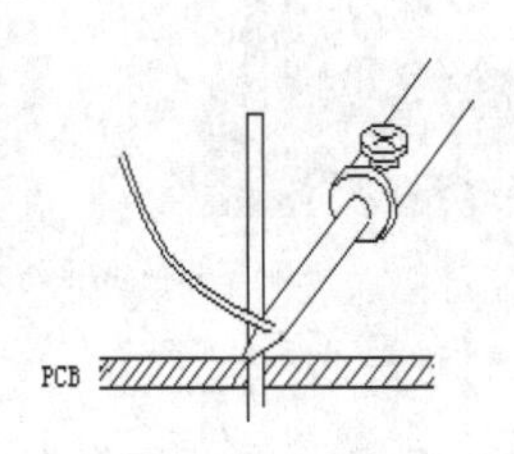

错误（锡丝不应加于烙铁嘴）

图 2-1-13　加锡位置

撤离焊锡：当熔化一定量的焊锡后将焊锡丝移开。

脱离时机：焊锡已经充分润湿焊接部位，而焊剂尚未完全挥发，形成光亮的焊点时，焊锡丝应立即脱离焊点，若焊点表面沙哑无光泽而粗糙，说明撤离时间晚了。

脱离动作：一般沿焊点的切线方向拉出或沿引线的轴向方向将焊锡丝拉出，即将脱离时又快速地向回带一下，然后快速脱离，以免焊点表面拉出毛刺。

停止加热：当焊锡完全润湿焊点后移开烙铁，注意移开烙铁的方向应该是大致 45°方向，如图 2-1-14 所示。

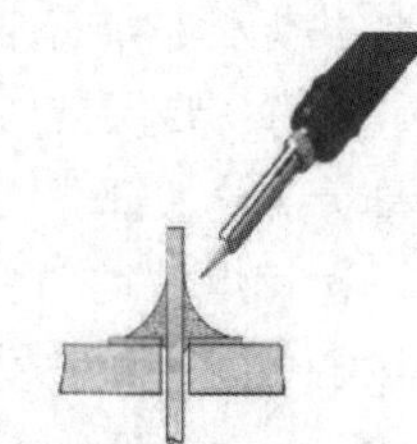

图 2-1-14　脱离位置

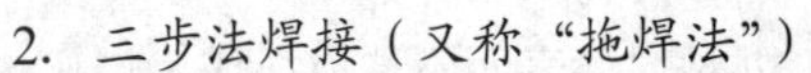

2. 三步法焊接（又称“拖焊法”）

三步法焊接适用条件：元件为连续多脚时；焊盘及焊件脚细小，热容量小；贴片电阻（电容）等细小元件焊接。

焊接步骤（具体动作要领参照五步法焊接）：焊接准备→预热，上锡，润湿←撤离焊锡。

3. 焊接注意事项

保持烙铁头的清洁：因为焊接时烙铁头长期处于高温状态，其表面很容易氧化并沾上一层黑色杂质形成隔热层，使烙铁头失去加热作用。

采用正确的加热方法：要靠增加接触面积加快传热，而不要用烙铁对焊件加力，应该让烙铁头与焊件形成面接触而不是点接触。加热要靠焊锡桥，要提高烙铁头加热的效率，需要形成热量传递的焊锡桥。

助焊剂不要过量：过量的松香不仅会造成焊后焊点周围脏且不美观，而且当加热时间不足时，又容易夹杂到焊锡中形成“夹渣”缺陷。

焊接时间在保证润湿的前提下，应尽可能短，一般不超过 3 秒。焊接时不要用烙铁头摩擦焊盘。焊接时应防止邻近元器件、印制板等受到过热影响，对热敏元器件要采取必要的散热措施。焊接时绝缘材料不允许出现烫伤、烧焦、变形、裂痕等现象。

在焊料冷却和凝固前，被焊部位必须可靠固定，可采用散热措施以加快冷却。烙铁上有过多锡时应该将锡轻轻“抖”掉，而不是“敲”掉。正常情况下，烙铁须接地，以免发生漏电事故。焊接 FET、CMOS 等绝缘栅型元件时，须使烙铁接地，并佩戴防静电手腕带，最好使用恒温烙铁。

焊接完毕后，应拔掉电源，防止火灾发生。

4. 主要缺陷定义以及成因

焊接主要缺陷描述及分析如表 2-1-1 所示。

表 2-1-1　焊接缺陷分析

No.	名称	缺陷描述	图例	形成原因
1	假焊	指焊接后焊盘与基板表面分离		一般是由于焊接温度过高、时间过长造成的
2	搭焊	又称桥接，指两个或两个以上不应相连的焊点之间的焊料相连或焊点的焊料与相邻导线相连		一般是由于焊盘特别相近、剪脚不良及绿膜覆盖不足，或焊接时间过长、焊锡温度过高、烙铁撤离角度不当造成的。
3	虚焊	焊锡与元器件引线或与铜箔之间有明显黑色界线，焊锡向界线凹陷		一般是由于助焊剂质量差，加热不够充分，焊料中杂质过多、元器件焊端、引脚、印制板焊盘可焊性差造成的
4	漏焊	指焊接后焊端或引脚与焊盘之间无焊料		一般是由于焊料不足或波峰高度不够造成的

续表

No.	名称	缺陷描述	图例	形成原因
5	拉尖	拉尖是焊点的一种形状，焊料有突出向外的毛刺，但没有与其他导体或焊点相接触	①	一般是由于焊料过多、助焊剂少、加热时间过长、焊接时间过长、烙铁撤离角度不当、焊料回流不畅或过量焊料冷凝而造成的
6	包焊	又称盲点，指焊接后看不见引脚或引脚端头与焊料相平		一般是由于引脚过短或焊料太多造成的
7	针孔	又称沙眼，指焊料中的气体在焊点未充分凝固之前逸出而形成的孔		这种缺陷将导致焊点强度低、导电性能差等，主要是由于引线与焊盘孔间隙大、引线浸润性不良、焊接时间长、孔内空气膨胀造成的
8	锡珠	指焊接时黏附在印制板、阻焊膜或导体上的焊料小圆球		这种缺陷一般是由于焊料太多、焊盘孔太大造成的
9	剥离	铜箔从印制电路板上翘起，甚至脱落		主要原因是焊接温度过高、焊接时间过长、焊盘上金属镀层不良
10	多锡	焊料面呈凸形	PCB PCB	主要是因为焊料撤离过迟

续表

No.	名称	缺陷描述	图例	形成原因
11	少锡	焊接面积小于焊盘的80%，焊料未形成平滑的过渡面	PCB	主要是因为焊锡流动性差或焊丝撤离过早、助焊剂不足、焊接时间太短
12	过热	焊点发白，无金属光泽，表面较粗糙，呈霜斑或颗粒状		主要是因为烙铁功率过大、加热时间过长、焊接温度过高
13	松动	外观粗糙，似豆腐渣一般，且焊角不匀称，导线或元器件引线可移动		主要原因是焊锡未凝固前引线移动造成空隙、引线未处理好（浸润差或不浸）
14	不对称	焊锡末流满焊盘		焊料流动性差、助焊剂不足或质量差、加热不足
15	松香焊	焊缝中还夹有松香渣		主要是因为焊剂过多或已失效、焊剂未充分挥发作用、焊接时间不够、加热不足、表面氧化膜未去除

【任务训练】

将教师发放的练习用件焊接完毕并提交。

任务 2.2　电池片单片焊接

【任务目标】

了解电池片单片焊接流程，掌握单片焊接干艺。

【任务描述】

使用烙铁工具，将单片太阳能电池的正负极用涂锡焊带进行焊接，为下一步串焊焊接工作做好准备。

【相关知识】

2.2.1　单片焊接流程图

电池片的单片焊接流程如图 2-2-1 所示。

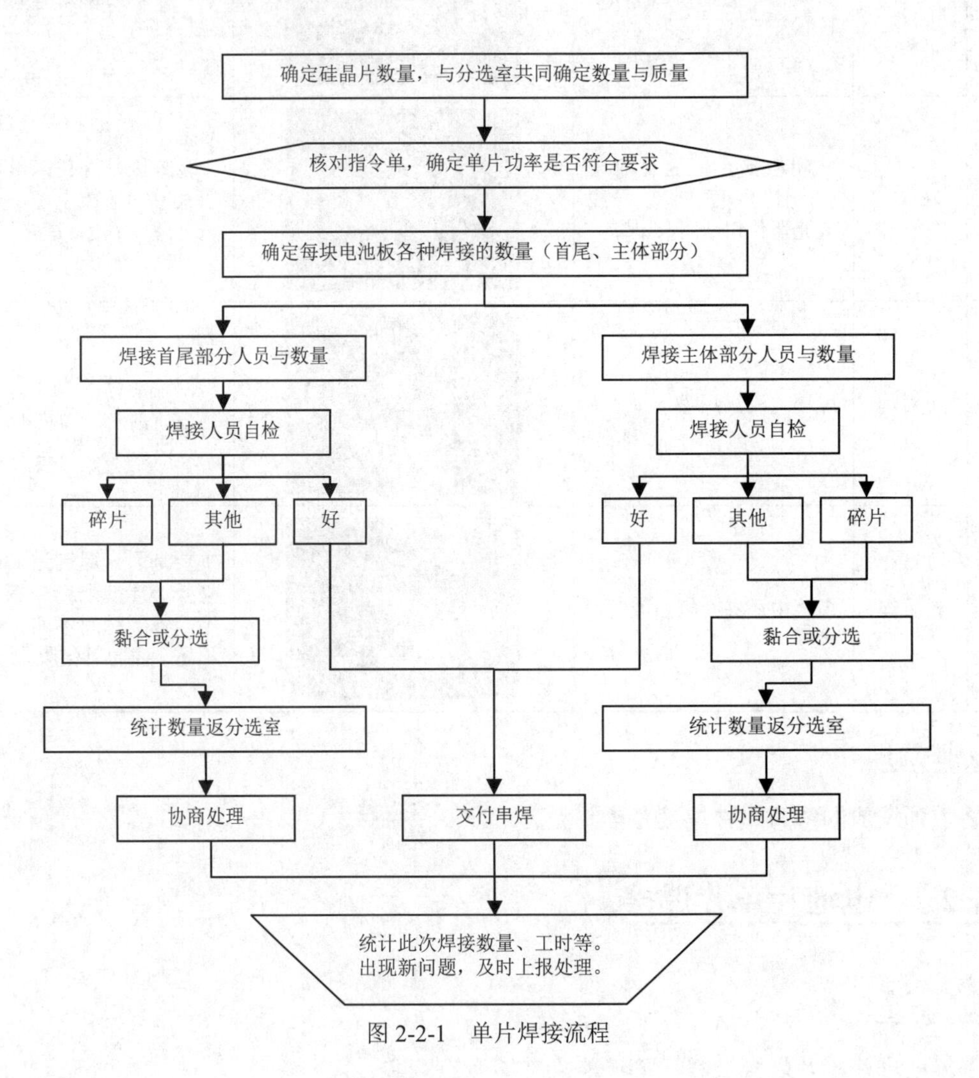

图 2-2-1　单片焊接流程

2.2.2　太阳能电池片单焊工艺规范

1. 工作目的描述

太阳能电池片单焊工序是将互联带（焊带）用电烙铁焊接在初检好的电池片上，将单片电池的负极焊起来，便于下道串接焊接成型。在下面示意图 2-2-2 中，左侧为主体片，右侧为边缘片。

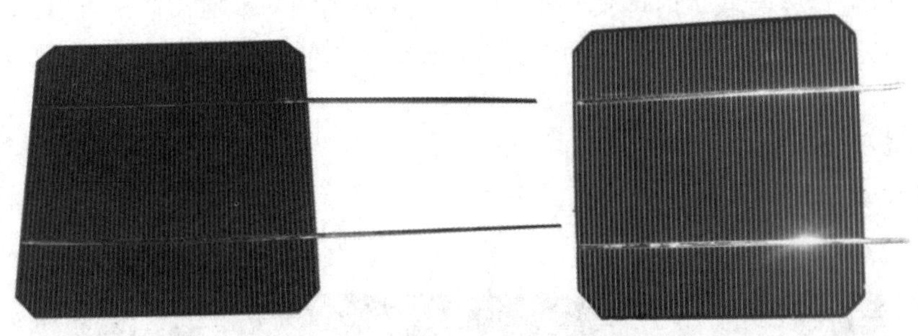

图 2-2-2　电池片（左侧为主体片，右侧为边缘片）

2. 所需设备及辅助工具

所需设备：电烙铁。

辅助工具：玻璃、棉签、玻璃器皿、无尘布（或其他可替代的物品）、酒精壶等。

3. 材料需求

所需材料：初检良好的电池片、助焊剂、酒精、互联带（浸泡）、焊锡丝。

焊接所需用品如图 2-2-3 所示。

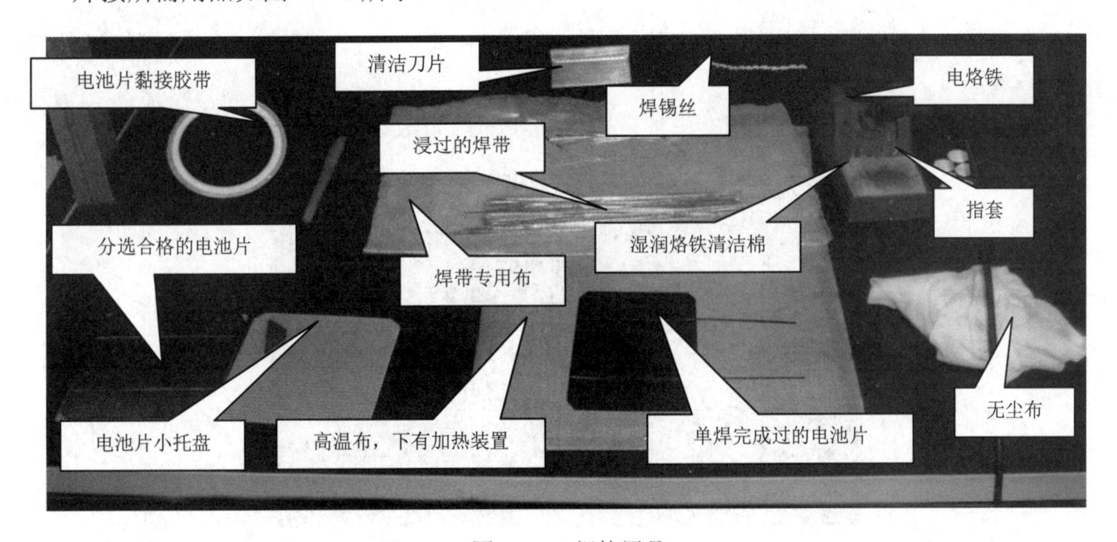

图 2-2-3　焊接用品

4. 个人劳保配置

工作时必须穿工作服、工作鞋、工作帽、口罩、指套。

5. 作业准备

（1）及时清洁工作台面，清理工作区域地面，做好卫生，工具摆放整齐有序。

（2）检查辅助工具是否齐全、有无损坏等，如不齐备应及时申领。

（3）打开电烙铁，检查烙铁是否完好，使用前用测温仪对电烙铁实际温度进行测量，当测试温度和实际温度差异较大时即使修正。将少量助焊剂倒入玻璃器皿中备用，将少量酒精倒入酒精喷壶中备用。将互联带在助焊剂中浸泡，包在塑料袋或纱布中，尾端朝外。在焊台上垫一张纸或高温布。

6. 作业过程

（1）打开并调整恒温烙铁温度：(360±10)℃，如图 2-2-4 所示。调整加热板温度：(50±5)℃。

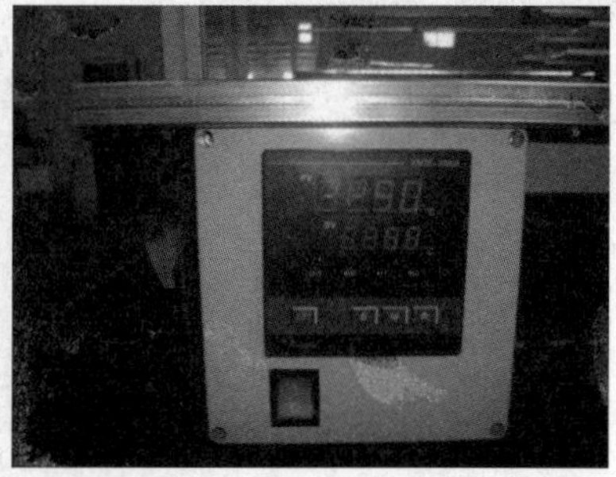

图 2-2-4　恒温电烙铁的调节

（2）把初检好的电池片放在垫好的纸上，负极（正面）向上，检查电池片是否完整、有无色斑。

（3）将浸泡好的互联带平铺在电池片的主栅线上，如图 2-2-5 所示。

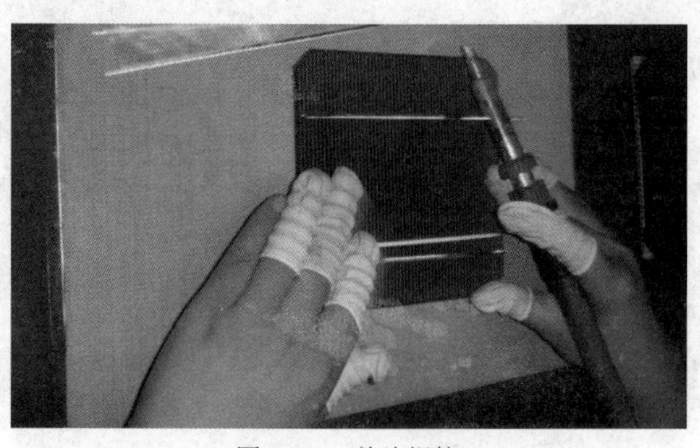

图 2-2-5　单片焊接

(4)互联带的拆痕对应电池片细栅线,互联带的前端离电池片1条副栅线距离,如图2-2-6所示。

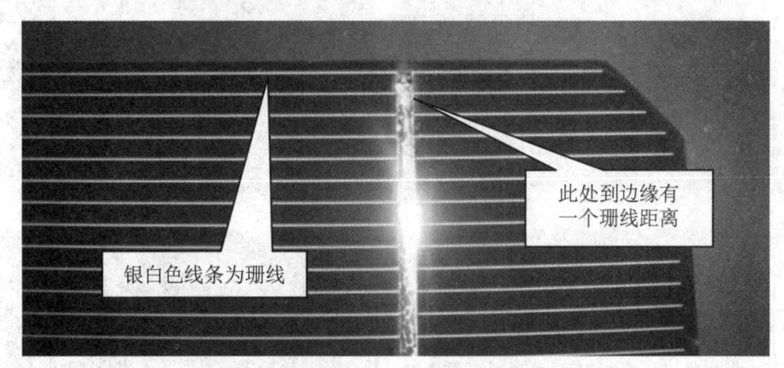

图2-2-6　电池片细栅线

(5)用左手指从前端均匀地按住互联带,右手拿烙铁,用烙铁头的平面平压在互联带的尾端,从尾端第2根副栅线处从右向左焊接,如图2-2-7所示。

当烙铁头离开电池时(即将结束),轻提烙铁头,快速拉离电池片。

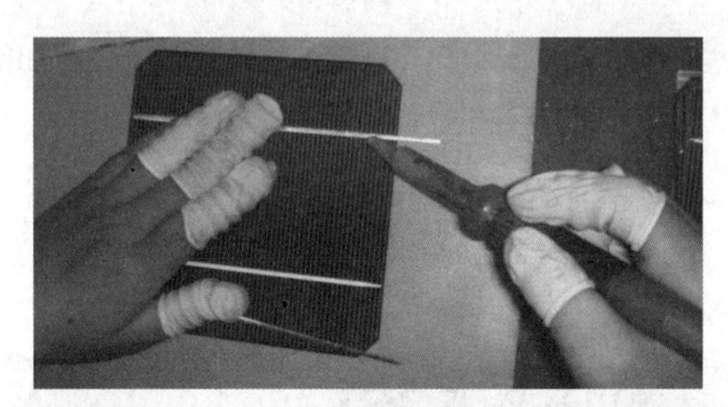

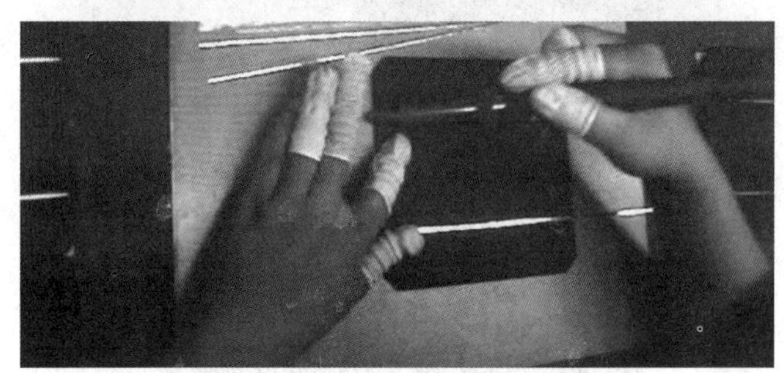

图2-2-7　焊接互联带

7. 作业检查

(1)检查电池片有无裂痕、毛刺、锡堆,有无脱焊虚焊等,如图2-2-8所示,有则返工;检查电池片上互联带折痕是否一致,有则返工。

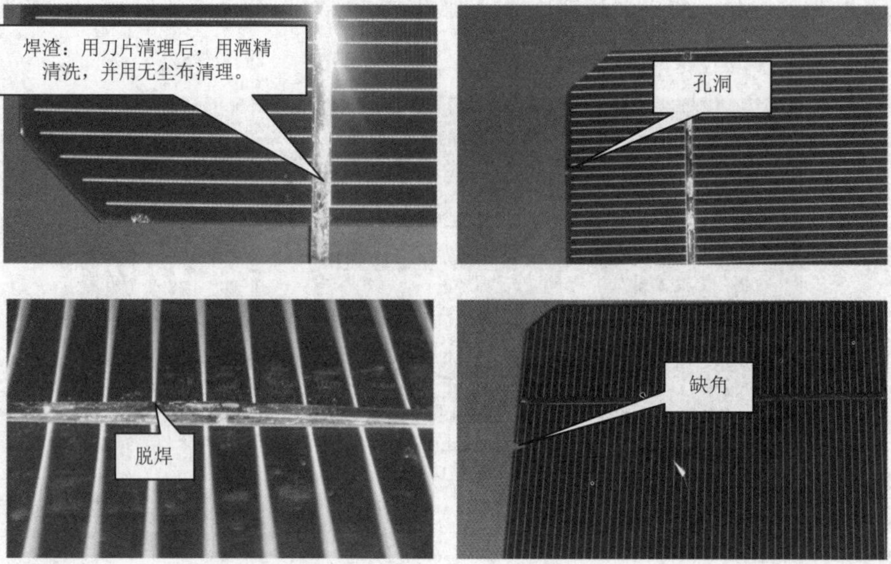

图 2-2-8　电池片作业检查

（2）检查电池片表面是否有助焊剂印，有则用酒精擦拭干净，如图 2-2-9 所示，单片要完整，无碎裂现象。

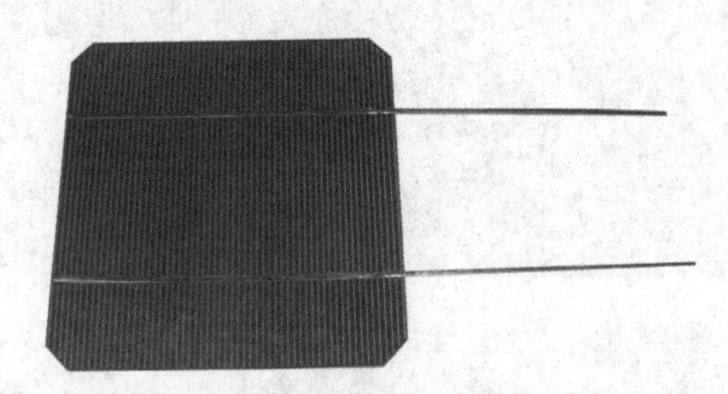

图 2-2-9　电池片助焊剂印检查

（3）焊接要平直、光滑、牢固，用手沿 45°左右方向轻提焊带不脱落，如图 2-2-10 所示。

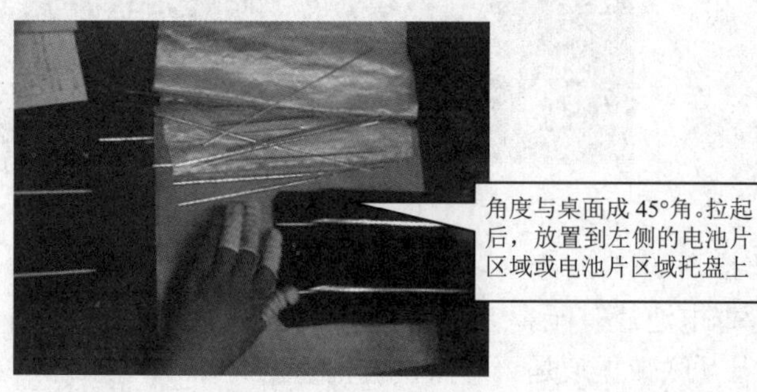

图 2-2-10　电池片牢固度检查

（4）电池片表面应清洁，焊接条要均匀地焊在主栅线内，不许在焊接条上有焊锡堆积。

（5）作业过程中必须戴好帽子、口罩、指套，助焊剂每天更换一次，玻璃皿要及时清洗。

（6）整体完成后，整理物品，统计成品数量、报废数量、问题片，交由组长记录并汇总，如存在严重问题，请随时与车间主任联系解决。

【任务实施】

2.2.3　单片焊接现场工艺文件

单片焊接现场工艺文件如表 2-2-1 和表 2-2-2 所示。

表 2-2-1　单焊巡检记录表

NO	检验项目	检验标准	作业员及记录		日期：
		时间		不良现象	
		操作员			
1	烙铁温度	(260±10)℃			
2	烙铁温度记录				
3	加热台温度	35℃～50℃			
4	流转单填写	清楚、完整			
5	电池片焊接质量	平整，无虚焊、过焊、空焊现象，无锡珠、毛刺			
6	互联带焊接错位	≤0.5mm			
7	焊接后锡渣残留	无任何锡渣残留			
8	焊接收尾处不焊接	5～10mm			
9	缺口	1×2mm V 型或 U 型			
10	色差	轻微不明显			
11	外观不良	无外观不良			

备注：正常打“√”，有数据的要形成数据记录；异常打“×”，并形成相关记录。

工艺描述：本工艺是将焊带焊接到电池正面（负极）的主栅线上，将电池片的负极引出。焊带为涂锡的铜带。

1. 焊前准备及要求

（1）检查所需的工具是否齐全。

（2）检查所配备的工具是否能用。例如，检查烙铁头是否平整光滑，是否有异物，如有异物应将烙铁头在干净的清洁棉上擦拭，去除残余物。

表 2-2-2　单焊程序记录表

N	单号		作业员及记录		日期:
			来料数量	原因分析处理	操作损耗
	问题描述	操作员			
1	烙铁温度	(360±10)℃			
2	烙铁温度记录				
3	加热台温度	35℃～50℃			
4	流转单填写	清楚、完整			
5	电池片焊接质量	平整，无虚焊、过焊现象，无空焊、锡珠、毛刺			
6	互联带焊接错位	≤0.5mm			
7	焊接后锡渣残留	无任何锡渣残留			
8	焊接收尾处不焊接	5～10mm			
9	缺口	1×2mm V 型或 U 型			
10	色差	轻微不明显			
11	外观不良	无外观不良			

（3）清洁工作区域，检查焊台的清洁性和使用性能。

（4）领料：将已经划好、选好的单片和已经裁剪好泡好晾好的涂锡焊带领出。检查电池片的数量与流程卡是否一致，检查电池片有无缺角、破损、隐裂等质量问题。检查泡过的焊带是否晾干，在拿放焊带时应注意保持焊带的清洁。

（5）预热电烙铁和加热台。调整电烙铁（360℃）和加热台（50℃）到规定温度，随时检查电烙铁的温度。

（6）烙铁温度每 6 小时校准一次，并做记录（填到单焊巡检记录表，如表 2-2-1 所示）。烙铁的温度由焊接组长进行校准。

特别注意：

①操作过程中必须戴手套或指套，尽量减少与电池片的摩擦且保持手套指套洁净。

②校准烙铁温度时，烙铁头必须是擦干净的，不能有脏物。

③烙铁和加热板温度不能随意改动。

2. 工作步骤

（1）取出一片电池片，要求负极朝上，轻放在自己正前方的焊台上。

（2）将焊带平放在单片的主栅线上，焊带的一端应放在离电池片的边缘空一个栅格的地方。

（3）右手拿烙铁，从右至左均匀地沿焊带轻轻压焊。焊接时烙铁头的起始点应在距焊带上边缘 0.5～1mm 处，焊接中烙铁头的平面应始终紧贴焊带（用力均匀适度）。烙铁与桌面的夹角要保持在 40～50°之间（焊接时应注意不要划伤电池片）。

（4）焊接时应一次完成（不能在电池片上来回划动）。

（5）焊接完一根焊带时要擦一下电烙铁。

（6）烙铁的温度范围在(360±10)℃。

（7）单焊最后应拖出离电池片 3mm 的距离。

（8）单焊最后在距电池片边缘 8mm 处提烙铁（保证 8mm 之前的部分必须焊上）。

（9）单焊过程中焊带不能偏离主栅线。

（10）单焊完电池片后看是否有助焊剂等异物，如有应用无水乙醇轻轻擦拭，擦电池片时一定要擦干净（目的是把电池片的脏东西擦掉），最后把电池片及焊带上的残留锡渣处理掉。

（11）单焊完毕后，经自检合格后填好流转单，转交给串焊人员。

（12）填好单焊程序程序记录表，见表 2-2-2。

3. 单片焊接检查

检查内容：

（1）互检。

检查领来得电池片的数量是否与流程卡所标注的一致。

检查电池片的质量是否符合要求，包括：无缺角、无裂片、无隐裂、无崩边、无色差等。

检查焊带浸泡和晾干情况是否符合要求。

（2）自检。

检查已焊电池片是否有助焊剂等异物，如有应用无水乙醇轻轻擦拭。

检查焊带部位是否平整、光洁，是否无锡珠或毛刺，如有焊渣、毛刺、锡珠等问题应进行处理。

检查已焊电池片是否虚焊、过焊（由于焊接时间太长或烙铁温度太高导致电池片主栅线硅裂）。

检查焊带是否偏离电池片的主栅线。

检查标准：

（1）电池片表面要清洁不能有助焊剂，焊锡等异物。

（2）焊带部位应平整、光洁，无锡珠或毛刺，无虚焊和过焊现象。

（3）焊带不能偏离电池片的主栅线，焊后电池片无隐裂、裂片、缺口、缺角、主栅断裂等现象。

4. 注意事项

班前：

（1）参加班前会。

（2）检查工位所用的材料及工装、器具是否到位。

（3）检查依照操作规程按要求检查设备。

班中：

（1）对下面各工序反馈的于本工位的相应问题要及时整理并记录到交接班记录中。

（2）对设备出现的问题应按要求及时报告处理并记录。
（3）对发现的质量问题及时反馈给工艺员及质检员。
（4）对不良品经质检员确认后放入不良品区及时处理。
（5）不得擅自离岗串岗。

班后：

（1）将工位器具归位。
（2）将技术工艺难题及时反馈给工艺员。
（3）清理工作现场，检查并清扫设备。
（4）参加班后会。

上岗必需安全措施：

（1）必须穿工作服，戴工作帽。
（2）特殊要求工序必须戴防护手套、口罩、墨镜等安全用品。
（3）检查安全通道是否通畅。
（4）检查是否有应急设备和物品。
（5）操作工必须持证上岗，无证人员严禁操作设备。
（6）班后会应关闭水电气等设备。

【任务训练】

分组练习焊接单片多晶硅电池 4 片。

任务 2.3　电池片串联焊接

【任务目标】

掌握电池片串焊的操作方法，及焊后检查方法。

【任务描述】

将焊接好的单片电池片焊接成串，每串含 6～12 个电池片，进行正确的串联焊接，便于下道层叠。

【相关知识】

2.3.1　串焊作业

1. 工作目的描述

电池片串焊工序是以模板为载体，将焊接好的单片电池片串接起来，便于下道层叠。

2. 所需设备及工装、辅助（工）器具

所需设备：电烙铁。

辅助工具：镊子、棉签、玻璃器皿、无尘布、酒精壶、串焊定位模板、放电池串及翻转用的泡沫板。

材料需求：焊接良好的单片电池片、互联带、助焊剂、焊锡丝、酒精。

个人劳保配置：工作时必须穿的工作服、工作鞋、工作帽、口罩、指套。

3. 作业准备

（1）清理工作区域地面，保持工作台面卫生，保持干净整洁，工具摆放有条不紊。

（2）检查辅助工具是否齐备，有无损坏，如不齐备要及时申领。

（3）打开电烙铁，检查烙铁是否完好，使用前用测温仪对电烙铁实际温度进行测量，当测试温度和实际温度差异较大时及时修正。

（4）在酒精壶中加适量酒精备用。

（5）在玻璃器皿中加适量助焊剂备用。

（6）根据所做组件大小，选择相应模板。

4. 作业过程

（1）将单焊好的电池片的互联带均匀地涂上助焊剂。

（2）将电池片露出互联带的一端向右，依次在模板上排列好，正极（背面）向上，互联带落在下一片的主栅线内。

（3）将电池片按模板上的对正块、对齐条对应好，检查电池片之间的间距是否均匀且相等，同一间距的上、中、下口的距离相等，不允许出现喇叭口现象。

（4）检查电池片背电极与电池正面互联带是否在同一直线上，防止电池片之间互联带错位。

（5）焊接下一片电池时，还要顾及前面的对正位置要在一条线上，防止倾斜，电池对正好后，用左手轻轻由左至右按平互联带，使之落在背电极内，右手拿烙铁头的平面轻压互联带，由左至右快速焊接，要求一次焊接完成。

（6）烙铁头若有多余的锡要及时擦拭干净。

（7）电池片之间相连的互联带头部可有 3mm 的距离不焊。

（8）在焊接过程中，若遇到个别尺寸稍大的片子，可将其放在尾部焊接；若遇到频率较高，只要能保证前后间距一致无喇叭口，总长保持，即可焊接。出现虚焊、毛刺、麻面时，需放到模板上修复，不得在泡沫板上。

（9）虚焊时，助焊剂不可涂得太多，否则擦拭烦琐。

（10）擦拭电池片时，用无纺布沾少量酒精小面积顺着互联带轻轻擦拭。

（11）接好的电池串，需检查正面，将其放在泡沫板上，再在上面放置一块泡沫板，双手拿好板轻轻翻转，放平即可。

（12）将检查完的电池串放到泡沫板上，每块泡沫板只能放一串电池，要求电池串正面向上。

5. 作业检查

（1）检查焊接好的电池串，互联带是否落在背电极内。

（2）检查电池片正面是否有虚焊、毛刺、麻面、堆锡等。

（3）检查电池串表面是否清洁，焊接是否光滑。

（4）检查电池串中有无隐裂及裂纹。

（5）焊好电池串后烙铁不用时需上锡保养，工作做完即可关闭电源。

6. 工艺要求

（1）互联带焊接平直光滑，无突起、无毛刺、无麻面。

（2）电池片表面清洁，焊接带要均匀落在背电极内。

（3）单片完整无碎裂现象。

（4）不许在焊接条上有焊锡堆积。

（5）手套和指套、助焊剂须每天更换，玻璃器皿要清洁干净。

（6）烙铁架上的海绵也要每天清洁。

（7）缺角电池片的使用要求见相应质量标准。

（8）在作业过程中触摸材料须戴手套（指套）。

【任务实施】

2.3.2 电池串焊现场工艺文件

1. 作业前准备

（1）清洁工作台和所有操作工具，不得有灰尘和杂物。

（2）交接班或间隔时间超过 1 小时需要对工作台及使用工具进行重新清洁。

（3）焊接加热台必须每小时清洁一次以保证焊接台上无锡渣残留。

2. 作业流程

（1）用酒精和无尘布将串焊模板、工具擦拭干净，不得有锡渣和杂物（见图 2-3-1）。

图 2-3-1 串焊模板擦拭

（2）打开烙铁及加热板，并按技术规格要求调整温度（如图 2-3-2 所示）。

图 2-3-2　恒温烙铁温度调整

（3）取一片短焊带的电池片背面朝上放在串焊模板上，然后取长焊带的电池片背面朝上依次排放在模板上（见图 2-3-3）。

（4）每片电池片的焊带搭放在该片左边的电池片背面电极上（见图 2-3-4）。

图 2-3-3　电池串排列

图 2-3-4　电池片背电极搭放焊带

（5）左手固定电池片，右手将焊带焊接在相邻的电池片背部的主栅线上，保证片与片的间距为 2mm，焊接时起焊点要预留 3～5mm，焊接完进行自检（见图 2-3-5）。

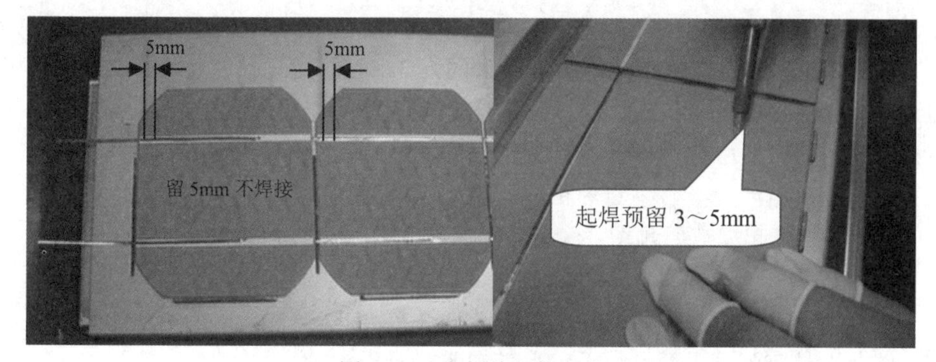

图 2-3-5　主栅线焊接工艺

（6）串焊时电池片要对准模板卡槽，不要歪斜（见图 2-3-6）。

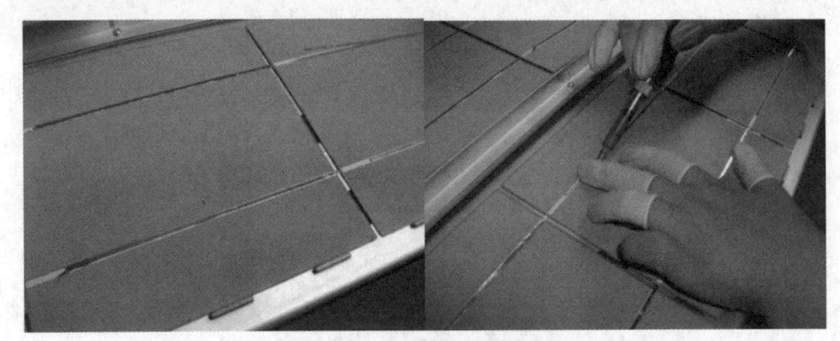

图 2-3-6　电池串焊接

（7）将串焊好的电池串滑入托盘盒内，并填写好流转单，将托盘盒放到周转架上（见图 2-3-7）。

图 2-3-7　将电池串放入托盘盒

2.3.3　作业重点/技术规格要求

（1）烙铁温度：(350±5)℃。

（2）加热板温度：(50±5)℃。

（3）125×125mm 电池片单根焊带焊接时间为 3～4s，156mm×156mm 电池片 4～5s。

（4）每片电池片的焊带搭放在该片左边的电池片背面电极上。

（5）烙铁不用时要上锡保护，烙铁头表面容易氧化，影响焊接。

（6）左手固定电池片，右手将焊带焊接在相邻的电池片背部的主栅线上，保证片与片的间距为 2mm，焊接时起焊点要预留 3～5mm，焊接完成后进行自检。

2.3.4　异常处理或注意事项

（1）作业人员需戴好手套及帽子，严禁裸手接触电池片。

（2）员工每两小时自检一次烙铁及加热板的温度，如有超出标准范围，应找组长或巡检人员及时调整。

（3）摆放电池片时动作要轻，不可用力过大以免损坏电池片。

（4）每次焊接前，需检查烙铁头，如损坏，需及时更换。

（5）焊接时要注意安全，避免被烙铁烫伤。

串焊项目控制检查单如表 2-3-1 所示。

表 2-3-1　串焊项目控制检查单

<table>
<tr><td rowspan="9">控制项目</td><td></td><td>项目</td><td>规格</td><td>控制方法</td><td>检查频率</td></tr>
<tr><td rowspan="2">品质</td><td>焊点</td><td>无虚焊、漏焊、毛刺</td><td>目测</td><td>每个检查</td></tr>
<tr><td>电池片</td><td>无裂片、破片</td><td>目测</td><td>每个检查</td></tr>
<tr><td rowspan="4">工艺</td><td>烙铁温度</td><td>(350±5)℃</td><td>测量</td><td>1 次/2 小时</td></tr>
<tr><td>加热板温度</td><td>(50±5)℃</td><td>测量</td><td>1 次/2 小时</td></tr>
<tr><td>焊接时间</td><td>125mm×125mm/3～4s，156mm×156mm/4～5s</td><td>测量</td><td>1 次/2 小时</td></tr>
<tr><td>烙铁头</td><td>保持干净</td><td>清洁上锡</td><td>随时</td></tr>
<tr><td>安全作业要点</td><td colspan="4">1．预防烙铁烫伤
2．作业台上装配废气排放装置</td></tr>
</table>

任务 2.4　电池片自动焊接

【任务目标】

了解电池片自动化焊接设备的性能、优势，掌握自动焊接设备的工艺及操作方法。

【任务描述】

全自动焊接机具有自动化程度高，操作安全、可靠、简便，运转平稳，噪声小，焊接时间短，快速节能，融合强度高等特点，焊接后的太阳能电池导电性好。焊接机系统还可以根据设定的串接片数自动调整焊接动作，使输出的电池片数达到要求，本任务主要练习使用全自动焊接机的操作。

【相关知识】

2.4.1　全自动焊接机简介

太阳能电池全自动焊接机（见图 2-4-1）可以按照设定要求对电池片正反面同时自动连续焊接，组成电池串。焊接时焊带自动送料，自动切断，焊接完成后电池串自动收料。焊接方式有红外线灯焊接方式和高频电磁感应焊接方式。

全自动串焊机和全自动单片焊接机与手工焊接相比具有如下优势：

（1）焊接速度快，质量一致性好，表面美观，没有手工焊接的焊锡不均匀现象。设备焊接可以避免人工焊接时的各种人为因素的影响，比如操作工熟练程度的影响、身体状况的影响、情绪的影响等，从而保证焊接的一致性、可靠性。

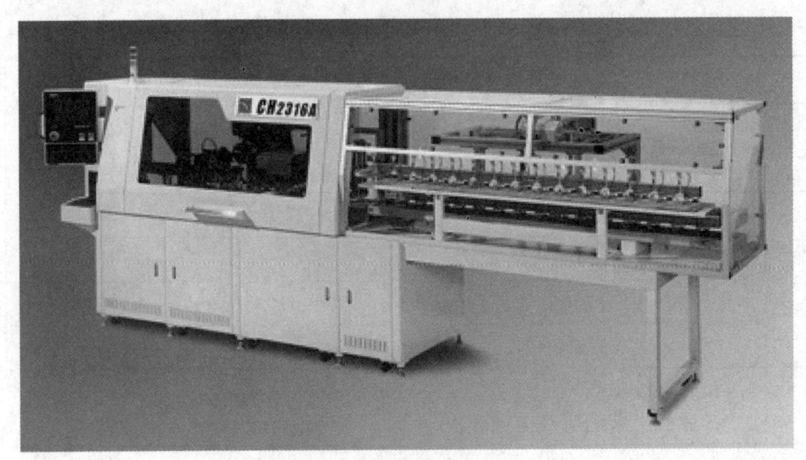

图 2-4-1　全自动焊接机

（2）可减少操作人员及检验人员的数量，降低管理难度及产品成本。现在人工成本逐年增加，每年的招工是最令老板头疼的事情，自动焊接机能大量减少雇佣人员。

（3）串焊机的焊接可靠性要远大于人工焊接。焊接不良是导致组件提前失效的重要原因。太阳能光伏组件的设计寿命为 25 年，而组件通常都安装在户外，每天要承受 30℃左右的温度变化，加上季节更替，温度的变化更大。由于焊带基材为纯铜，铜的膨胀系数约为硅（电池片）的六倍，这种差异就意味着：只要有温度的变化，焊带与电池片焊接处就会受力。因此，不良的焊接会导致组件功率降低，严重时会导致组件失效。人工焊接导致不良焊接的原因有很多，比如焊台的温度、助焊剂的涂布、电烙铁的温度、人员的熟练程度等，有些方面是可以通过有效的管理来解决的，而有些情况是无法完全控制的，对于人工焊接过程中影响焊接可靠性的因素，全自动串焊机均能得到良好解决。

【任务实施】

2.4.2　全自动串焊机的操作（以康奋威串焊机为例）

1. 运行机器

作业内容
（1）开启电源：将设备总电源开关拨到开启状态（图 2-4-2（a）），打开工件电源（图 2-4-2（b）），按下“总电源开、1 侧开、2 侧开”按钮（图 2-4-2（c））。
（2）打开电池片视觉影像检测软件：进入 Windows 界面，双击电脑桌面的“CONFIRMWARE_LOCATION”

图标（图 2-4-2（d）），图示 TCP Connected 填充变为绿色则表示连接成功（图 2-4-2（e））。

（3）双击“Win GP”图标（图 2-4-2（f）），账户登录：用户名选择“操作员”，密码为“1111”，登入操作界面（图 2-4-2（g））。

（4）各模块初始化：在主画面中点击原位置按钮，进入原位置界面，点击界面上方所有按钮，在点击热平衡启动按钮后出现热平衡设置对话框，将预热设置为 50 次，完成预热后，直至界面中所有条件下的灯都亮了（图 2-4-2（h）（i）），进入手动按钮界面，确认当前温度达到设定温度后才可以生产（图 2-4-2（j））。

（5）根据电池片类型，确认视觉系统中的型号选择：模式→生产信息→产品信息设置。确认串焊片数与订单要求一致，若不一致则通知工艺人员到场确认更改。可设定每班计划产量（图 2-4-2（k））。

（6）确认无误后，进入主界面，点击“1 侧自动、2 侧自动、开始生产”，两侧各试做一串查看焊接情况，确认焊接的电池串无虚焊、露白、裂片等不良现象后，继续生产（图 2-4-2（l）（m））。

（7）焊接机出现异常状况时，包括焊接的电池串出现虚焊、露白、裂片等不良现象，及时通知工艺人员、设备人员到现场排查解决。

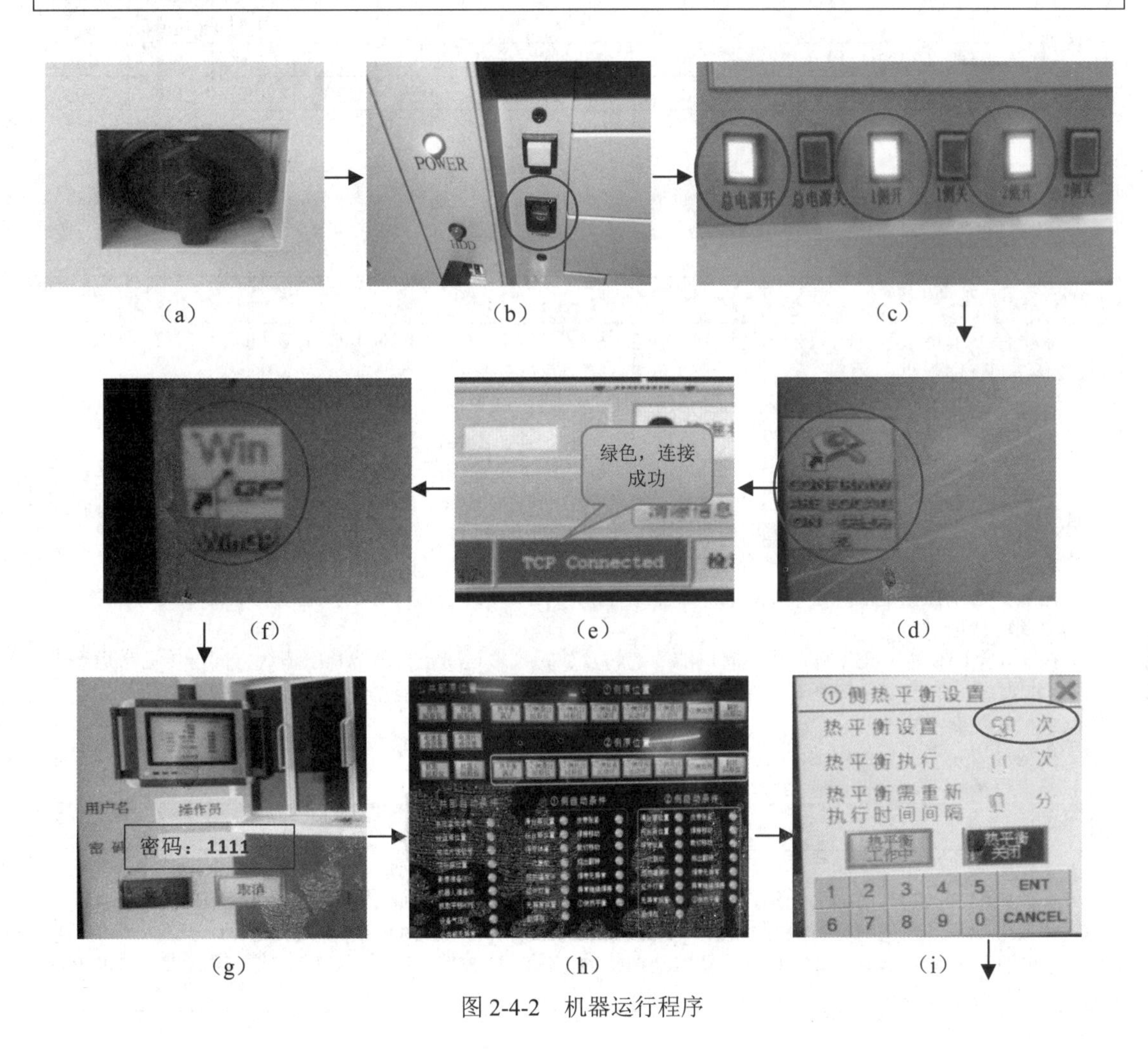

图 2-4-2　机器运行程序

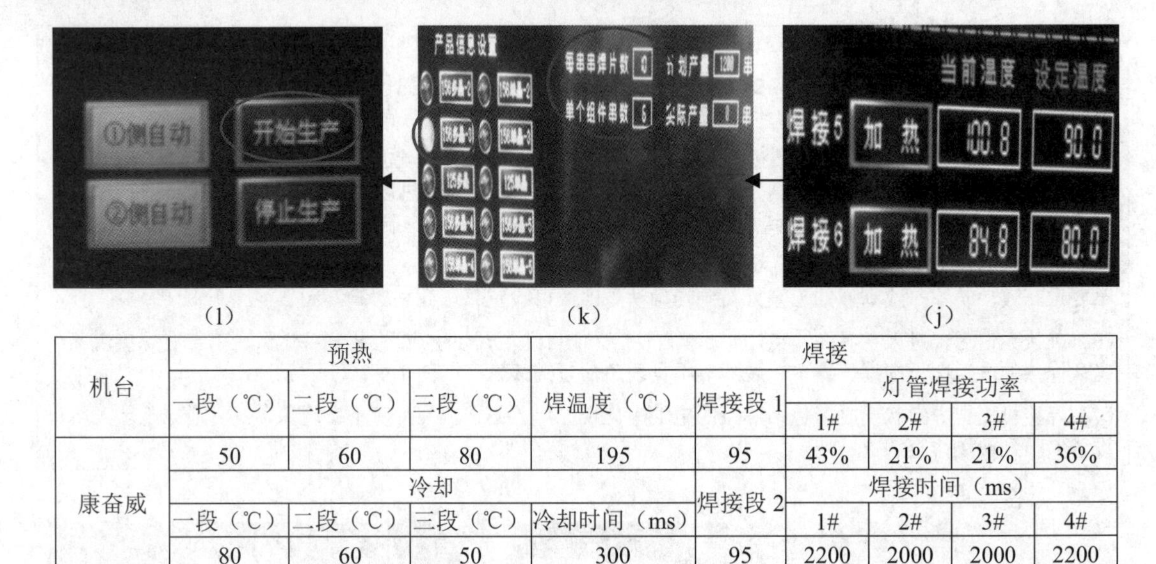

（l）　　（k）　　（j）

机台	预热			焊接					
	一段（℃）	二段（℃）	三段（℃）	焊温度（℃）	焊接段1	灯管焊接功率			
						1#	2#	3#	4#
康奋威	50	60	80	195	95	43%	21%	21%	36%
	冷却				焊接段2	焊接时间（ms）			
	一段（℃）	二段（℃）	三段（℃）	冷却时间（ms）		1#	2#	3#	4#
	80	60	50	300	95	2200	2000	2000	2200

（m）

图 2-4-2　机器运行程序（续图）

2. 电池片上料

作业内容
（1）用平台小车将电池片箱从分选处运到工作台旁（图 2-4-3（a）），核对电池片信息是否与订单要求一致（图 2-4-3（b））。 （2）取出一包电池片，放置到工作台上面，用美工刀在所示红色箭头方向划开包装塑封袋（图 2-4-3（c）），切勿划到末端，以免损伤电池片边角。 （3）拆下包装塑封袋，取出电池片，对取出的电池片进行检查：双手抓住并竖立电池片于缓冲垫上（图 2-4-3（d）），分别进行斜视、正视，看电池边角是否有崩边、缺角、碎片、大小边等不良现象，切勿将电池片一角接触桌面而使其受力，顺时针转动电池片，检查其余边角是否存在不良现象。 （4）将不良电池片取出放置在工作台面不良放置区域。 （5）两只手分别捏住电池片将电池片准确放到料盒内（图 2-4-3（e）），每个料盒最多放置 100 片电池片，切勿碰到料盒边沿。 （6）打开安全门，两手托住料盒将盛有电池片的料盒放置到输送带上，电池片主栅线方向与传送带运行方向平行，如料盒传送带上方所贴标示（图 2-4-3（f）（g））；双手推送料盒使其挡住传送带上的感应器，关闭安全门（图 2-4-3（h））。 （7）电池片用完后需更换电池片时，用完的盒子会自动流到传送带的另一端，取出料盒（图 2-4-3（i））。 （8）结束焊接作业，将机器停止后，从电池片出料处将电池料盒取出。
注意事项
（1）工作服、工作帽、丁腈手套必须穿戴整齐，手套每四小时更换一次，不得裸手接触电池片。 （2）存放电池片的物理台面必须洁净无杂物，电池片空包装盒规整后放置到电池片包装箱内。 （3）盛放电池片之前先对料盒进行检查，如有发现变形或异常要及时通知设备人员进行维护。 （4）往电池料盒中装电池片时须特别注意电池栅线的方向与传送带方向平行，料盒放入输送带上时前方箭头标识要与电池盒移动方向一致。

（5）不同颜色、效率、电池工艺的电池片需区分开放置，每块组件的电池片需保持一致。 （6）检测挑出并放置在废电池托盘上的缺角和碎裂电池片不得多于 10 片，且应及时取出并隔离。 （7）应水平双手托起电池片料盒，不得单手拿取或将料盒倾斜。 （8）超过 4 小时不使用则必须密封保存拆包后的电池片，拆包后的电池片 12 小时人必须使用完。 （9）电池片应水平地放置到工作台面上，使用刀片划开电池片保护膜时用力要轻微，避免伤到电池片。

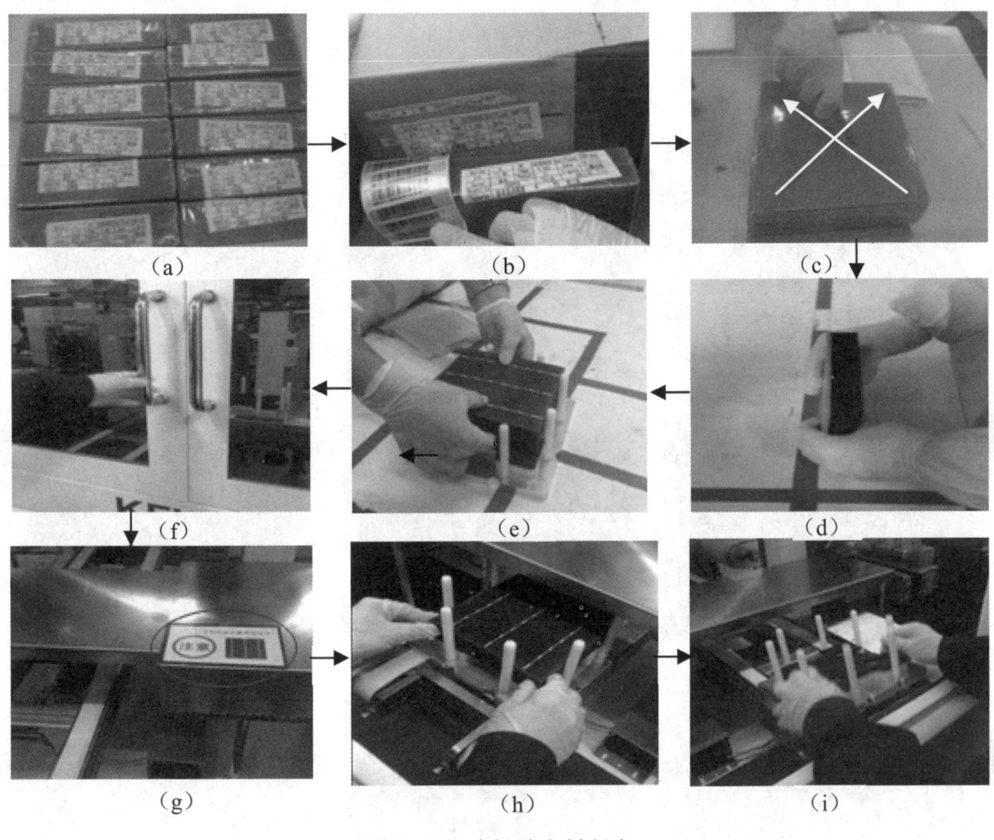

图 2-4-3　电池片上料程序

3. 灌装助焊剂

作业内容
（1）待焊机停止或暂停焊接作业时，打开串焊机中间的门，将泄压开关逆时针旋转至图示位置泄压（图 2-4-4（a））。 （2）左手向下按压气管接口，右手将气管拔出，依次将三根气管拔出（图 2-4-4（b）（c）），核对并确认助焊剂的物料信息与订单要求一致后，将助焊剂桶盖打开，用生料带在瓶口缠绕 3 圈（图 2-4-4（d）（e）），将用完的助焊剂存储桶盖拧开，连同气管拉出并放入新的助焊剂桶内。 （3）将助焊剂存储桶盖重新拧紧，三根气管按原来的位置依次插入桶盖口内（图 2-4-4（f）），将泄压阀顺时针转回原位（图 2-4-4（g）），将手放到桶盖口检查是否漏气（如图 2-4-4（f）所示箭头处），如果漏气则用生料带将桶口重新包裹，保证桶盖的密封性。

（4）对助焊剂桶周围区域表面进行清洁，防止残留助焊剂结晶，并将助焊剂桶推回原位（图 2-4-4（h））。
注意事项
（1）工作服、工作帽、手套必须穿戴整齐。 （2）助焊剂缓存罐内表面清洁频次：每班一次，在清洁助焊剂缓存罐时，注意操作幅度及力度不能过大，以免将存储罐内部的液位报警器碰坏；清洁完成后填写《康奋威串焊机助焊剂存储罐清洁记录表》。 （3）桶盖用生料带缠绕，拧紧桶盖，打开泄压阀后必须检查其密封性。 （4）在更换桶装助焊剂时，中间的充气气管必须插在中间的接气孔内，两边的气管位置可以互换。 （5）机器在自动运行中出现紧急情况时应立即按旁边的紧急停止按钮。

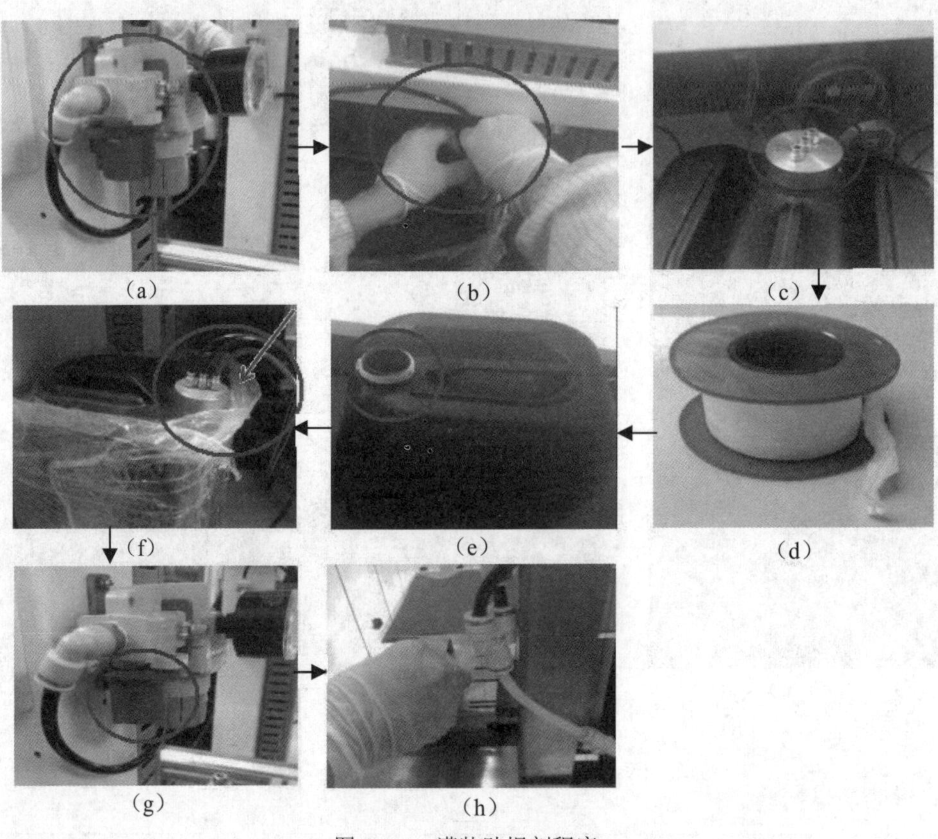

图 2-4-4　灌装助焊剂程序

4. 更换焊带

作业内容
（1）更换焊带前先确认焊带上的信息是否与生产任务单一致（图 2-4-5（a）），检查焊带是否为真空包装，缠绕是否顺畅，如发现包装不完整，及焊带缠绕打结情况，不予使用，通知品质工艺人员到现场确认。 （2）重新安装一卷焊带时，将滚轴焊带从滑杆下侧（如图 2-4-5（b）所示红色箭头方向）穿引，焊带依次穿过滚轮，焊带拉直、折弯、前压紧装置，最后穿出牵引导槽（图 2-4-5（c））。

（3）生产过程中若生产线切线所使用焊带规格不一致或焊带用完，更换焊带时，将焊带放置在切断导槽内（图 2-4-5（d）），夹头夹紧后用剪刀剪断焊带，将用完的滚轴焊带拆下，更换新的同规格焊带，拉取焊带用夹头固定（图 2-4-5（e）），且用电烙铁将两连接头焊接（图 2-4-5（f）），启动机器生产，待焊接至第 10～11 片电池片时，按下停止按钮，转入手动操作，点击“一次联动”按钮，手动牵引焊带，将焊带接头处挑出。

（4）再次点击“一次联动”按钮，检查焊带有无卷曲现象、是否平直后再进行焊接生产运行。

（5）将焊带更换情况在《焊带更换时间记录表》上做好记录。

注意事项

（1）穿戴好工作服、工作帽、丁腈手套、口罩，手套每四小时更换一次。

（2）更换焊带前先确认焊带上的信息是否与生产任务单一致，检查焊带是否为真空包装，缠绕是否顺畅，如发现包装不完整，及焊带缠绕打结情况，请停止使用，通知工艺和品质人员到场确认，注意在拿滚轴焊带时，应将滚轴横放（图 2-4-5（g）），不允许将滚轴焊带竖直放立（图 2-4-5（h））。

（3）初次安装焊带时，推荐选用与匝盘重量相等的焊带，可使焊带长度接近，以便终了时同时换带，减少停机时间，提高生产效率。

（4）在打开滚轴焊带时，撕掉用于固定焊带头的胶带后，应用无尘布沾少许酒精擦拭贴胶带的部位，以免焊带在运行到黏胶带的位置时造成自动焊接机吸附异常。

（5）确认焊带匝盘逆时针方向转动为拉出，穿焊带过程中保持焊带不被扭转、方向一致。

（6）若焊带拆包后 2 小时不使用则用缠绕膜包住，以防止焊带在空气中氧化；拆包超过 12 小时未使用的焊带不能用来生产组件。

（7）机器自动运行期间如有特殊情况应及时按旁边的紧急停止按钮，若发现机器异常要立即通知设备和工艺人员到场解决。

（8）生产过程中注意安全，操作员一定要经过培训合格后才能上岗作业。

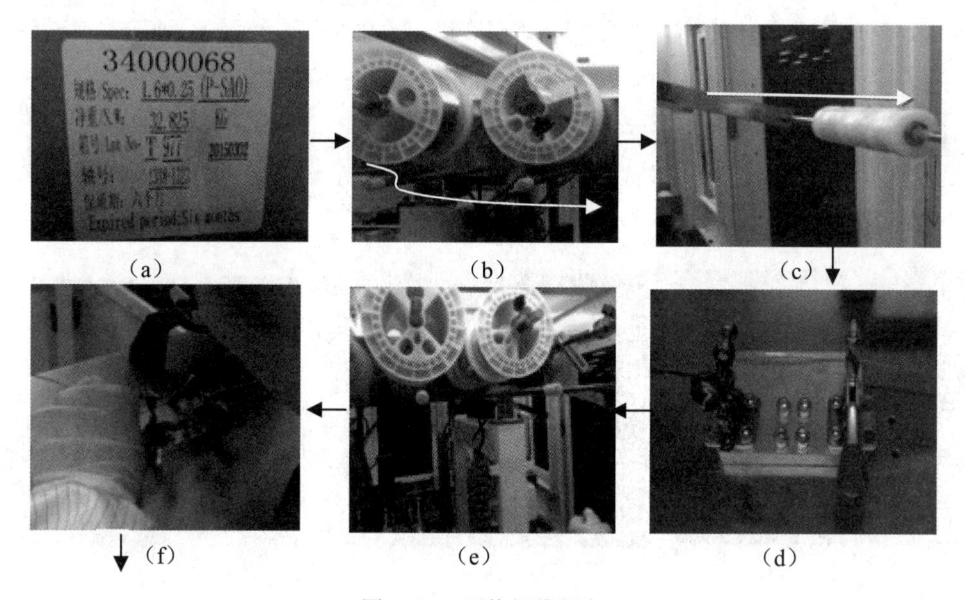

图 2-4-5　更换焊带程序

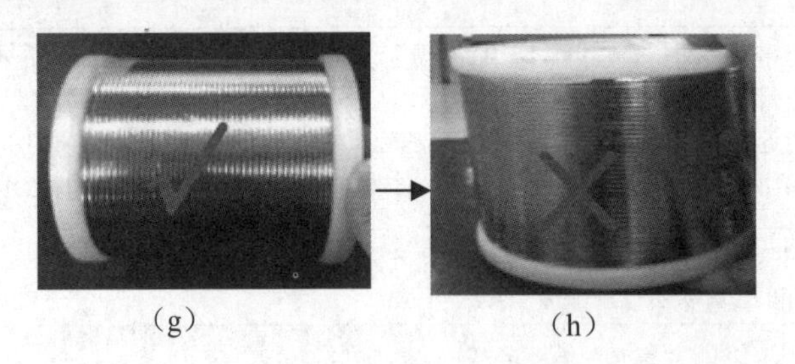
(g)　　(h)

图 2-4-5　更换焊带程序（续图）

5. 取出电池串

作业内容
（1）分别在合格品和不合格品（NG）旁放置好托盘，用于放置电池串（图 2-4-6（a））。
（2）电池串经翻转器吸取翻转后，看机人员检查电池串是否有露白、虚焊、碎片等焊接质量问题，若无焊接不良问题则按下“绿色”的 OK 按钮（图 2-4-6（b）），若发现不良则按下“红色”的 NG 按钮（图 2-4-6（b））。图 2-4-6（c）为按钮放大图示，若连续出现三串同样问题的不良电池串，如连续三串电池串有碎片，则停止生产，通知工艺、设备人员到现场分析解决。
（3）当装入串盒的电池串数达到六串时，指示灯亮起，灯光闪烁并发出独有频率的声音，提示操作者更换托盘，将合格的电池串托盘取出放置在暂存架上，把 NG 盒放置在返修台上待返修。
（4）电池串取出后若有异常或紧急情况，按下急停按钮。
注意事项
（1）穿戴好工作服、工作帽、丁腈手套、口罩，手套每四小时更换一次。
（2）每天开班或更换订单、材料时应先焊接出一组电池串，检查电池串正反面合格后再开始循环焊接作业。
（3）将有露白、虚焊、碎片、隐裂等不良问题的电池串放置在 NG 盒内，不可使其流入下一工序。
（4）机器自动运行期间如有特殊情况应及时按旁边的紧急停止按钮，若发现机器异常要立即通知设备和工艺人员到场解决。
（5）生产过程中注意安全，操作员一定要经过培训合格后才能上岗作业。

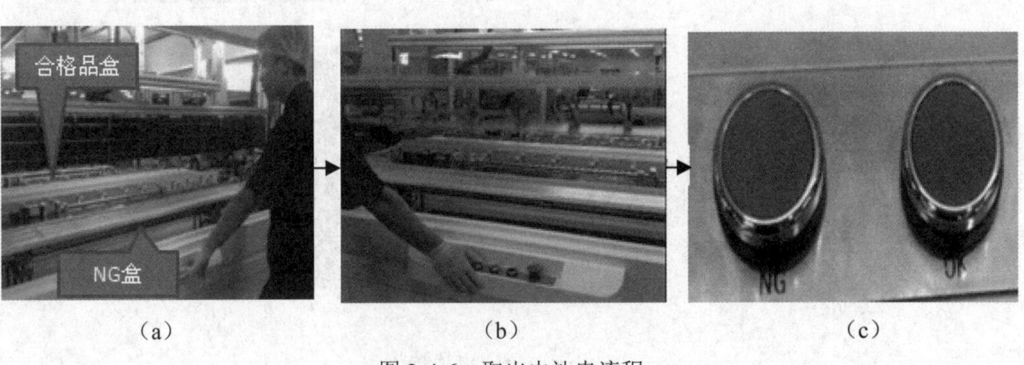

(a)　　(b)　　(c)

图 2-4-6　取出电池串流程

6. 电池串返修

作业内容
（1）确认 NG 盒存放电池串达到六串，然后将电池串托盘从焊接机内拉出，取一张流程卡放置在托盘一端（图 2-4-7（a））然后将托盘放置在返修处.
（2）取出待返修电池串至串焊返修模板上（图 2-4-7（b）），查看不良类型和位置进行返修，并做好《NG 串返修记录表》。
（3）返修露白电池串：用 80mm×10mm 高温布小条置于露白焊带与电池片缝隙处（图 2-4-7（c）），将烙铁与高温布小条同步沿同一方向缓慢地将露白焊带挑起，然后将助焊剂滴在挑起的焊带上，左手将焊带与主栅线对齐，右手用烙铁将焊带焊接在电池片主栅上（图 2-4-7（d））。
（4）返修单虚电池串：将助焊剂涂在焊带上，左手将焊带与主栅线对齐，右手用烙铁将焊带焊接在电池片主栅丝上（图 2-4-7（e））。
（5）返修串虚电池串：在电池片背面焊带上涂抹助焊剂，再用烙铁进行补焊返修。
（6）返修碎片、隐裂电池串：用 80mm×10mm 高温布小条置于焊带与电池片缝隙处，将烙铁与高温布小条同步沿同一方向缓慢地将焊带挑起，将碎片取出（图 2-4-7（f）），依照流程卡信息，取一片相同颜色和效率的电池片并焊上焊带（图 2-4-7（g）），用烙铁将带有焊带的电池片焊接在电池串上，按要求将多余的焊带条剪去（图 2-4-7（h））。
（7）自检：检查电池片与电池片之间的距离是否符合工艺要求，焊带焊接是否平整、光滑，是否有突起、毛刺、堆锡、铺锡等不良问题，填写好流程卡信息后将返修好的电池串放入托盘和周转架待摆串（图 2-4-7（i）（j））。
注意事项
（1）穿戴好工作服、工作帽、丁腈手套、口罩，手套每四小时更换一次。
（2）高温布垫块尺寸为 180mm×180mm，高温布小条的尺寸为 80 mm×10mm，使用前应将其擦拭干净，并做好本工位的 5S。
（3）助焊剂均匀涂在焊带上即可，不得滴在电池片上。
（4）返修好的电池片焊接要平整，无虚焊、毛刺、堆锡等不良现象，片间距符合工艺要求。
（5）将电烙铁温度设置为 360℃，烙铁超过 15 分钟以上不用时需在烙铁头处上锡保护，放在烙铁架上并关闭电源；每四小时清洗一次海绵，去除里面的锡渣等，海绵使用寿命不能大于 15 天，如有破损要及时更换。
（6）对烙铁进行测温、校准，实测温度要求为(360±5)℃，测温频次为 2 小时/次，做好记录表，更换烙铁头、手柄线、烙铁主机等，及时点检烙铁温度。
（7）返修后进行自检，自检不良信息记录在《自检不良记录表》中。

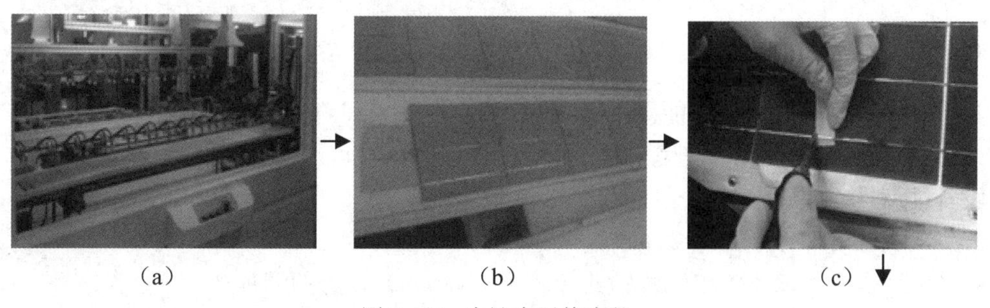

图 2-4-7　电池串返修流程

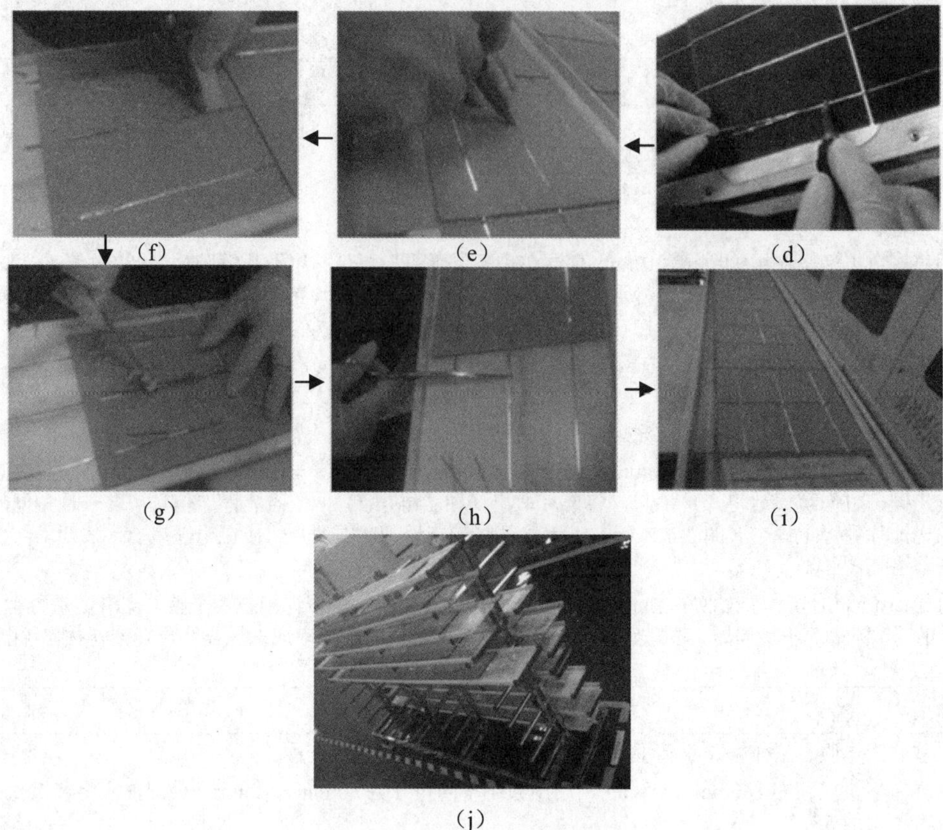

（f）（e）（d）

（g）（h）（i）

（j）

图 2-4-7　电池串返修流程（续图）

【任务训练】

1．焊接的工艺参数有哪些，如何选择？

2．目前，太阳能电池组件有哪些焊接方式，各有何优缺点？

3．全自动焊接机的工作过程是什么？

4．电池片的单焊和串焊操作步骤是什么？

【任务拓展】

本任务就石家庄冀展新能源有限公司自主研发的并已投放市场的全自动串焊接机 CH1200 焊接过程与人工焊接过程做了对比。

设备优点

- 双线同时工作，工作效率高。
- 可焊接 156 或 125 电池片的四分之一（38mm）以上的切片。
- 采用进口配件，设备运行稳定，故障率低。

- 兼容不同厂家，及各种厚度的电池片。
- 仿手工烙铁焊接，接触面小，热应力小，碎片率低于 0.2%。

基本规格

- 焊接平均速度为 3～3.6 秒/片，1000～1200 片/小时。
- 焊接基本参数：
  - 电池片主栅线间距：50mm 至 105mm（可按照客户要求设计）。
  - 焊带与主栅线的重合度：焊带与栅线偏离小于等于 0.2mm。
  - 焊接拉力要满足：在与焊接面成 45°角时对焊带施加拉力，逐渐加大拉力，拉力不低于 3.5N/mm。

与人工焊接相比，CH1200 产品特点：

- 适应不同厂家不同质量的电池片。组件生产使用的电池片可能从不同厂家采购，有 A 片，有 B 片，电池片薄厚也不一致，自动焊接机是采用仿手工烙铁焊接，恒定压力控制在 1N，电池片热力效应最小，损伤也最小，因此手工能焊的电池片自动焊接机都能焊。
- 速度可达每小时 1200 片。全自动控制运行，双线同时工作，互不影响，焊接速度可达到每小时 1200 片。一班代替 8～10 人，连续 24 小时运行可代替 24～30 名焊接工人。
- 焊接一致性好，采用先进的德国（basler）CCD 视觉定位技术配合多轴定位机器人，重复定位精度在 0.01mm 以内，新一代产品在焊接位添加前倒带装置，在焊接过程中对焊带和电池片经行两次定位，保证运行稳定可靠，焊接出来的电池片外观漂亮、一致性好。
- 无虚焊无隐裂，破片率<2‰。采用传统烙铁接触焊接技术，使用美国威乐大功率无铅焊台，避免了由于其他焊接方式加热面积大及温度波动大等原因，使电池片焊接过程中产生热应力造成裂片和隐裂，并有效防止了虚焊发生。焊接速度、压力、温度及时间连续可调，以适应不同厂家各种规格的电池片。碎片率可控制在 2‰以内。
- 性价比高。一个焊接工人一年福利按 3.5 万元计算，一台机器一班可顶 8～10 个工人，串焊机按两个班运行计算，相当于 20 个工人，一年节省人工开支 20×3.5=70 万元。10 个月即能收回成本。

不论从焊接质量或成本控制上来看，全自动单串焊机取代人工操作已成为必然的趋势。

3

光伏组件的叠层铺设及中检工艺

【项目导读】

电池片焊接后需要用汇流带和焊带，将已经焊接成串的电池片进行正确连接，并利用其他辅助材料进行叠层；叠层后为保障层压组件的质量，可使用中测台对待层压件的电压、电流进行检测。本项目主要是让学生了解面板玻璃、EVA 胶膜、TPT 背板、铝合金边框的性能特点，储存和使用要点，以及检验项目的内容和方法；了解光伏组件的叠层铺设工艺及中检工艺流程；掌握叠层铺设工艺及中检工艺技术规范。

任务 3.1　认识光伏组件的封装材料

【任务目标】

本任务主要是让学生了解面板玻璃、EVA 胶膜、TPT 背板、铝合金边框的性能特点，储存、使用要点，以及检验项目的内容和方法。

【任务描述】

光伏组件的封装材料包括面板玻璃、EVA、胶膜、TPT 背板、铝合金边框等。不同的封装材料会对光伏组件的性能产生不同影响。本任务主要是让学生了解这些光伏组件封装材料的性能特点，储存、使用要点，以及检验项目的内容和方法。

【相关知识】

3.1.1　光伏玻璃

光伏玻璃位置：位于组件正面的最外层，如图 3-1-1 所示，在户外环境下，它可直接接受阳光照射。

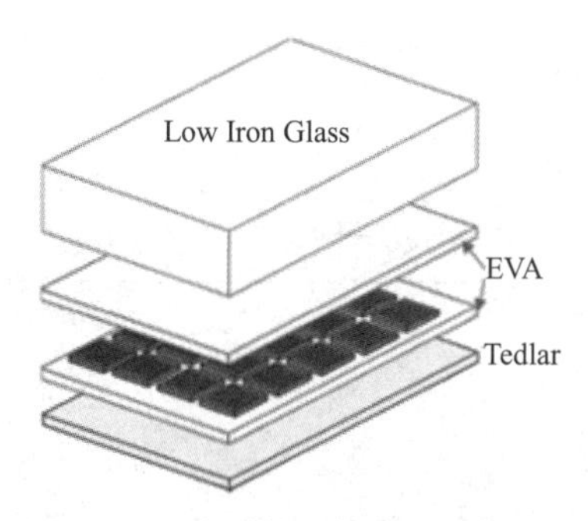

图 3-1-1　典型的晶体硅组件材料

光伏玻璃作用：

（1）高的透射率为电池片提供光能，透光率可达 92%以上。

（2）良好的物理性能为太阳能电池组件提供良好的机械性能，保护组件不受水汽的侵蚀，阻隔氧气，防止氧化，使组件具有耐高低温性、良好的绝缘性和耐老化性、耐腐蚀性。

1．钢化玻璃

将玻璃加热到接近软化温度（620℃～640℃，此时玻璃处于黏性流动状态），保温一定时间，然后经过快速冷却（淬火）使玻璃内部具有很大的张应力，而在其表面产生更大的压应力。图 3-1-2 所示为钢化下玻璃结构图。如同预应力钢筋混凝土构件利用受拉钢筋在需要增强的部分产生压应力一样。张应力存在于玻璃内部，当玻璃破碎时，能使玻璃保持在一起或者成为布满裂纹的集合体，内张应力在 30～32MPa 时，可以产生 6cm^2 的断裂面，把玻璃粉碎成 10mm 左右的颗粒。

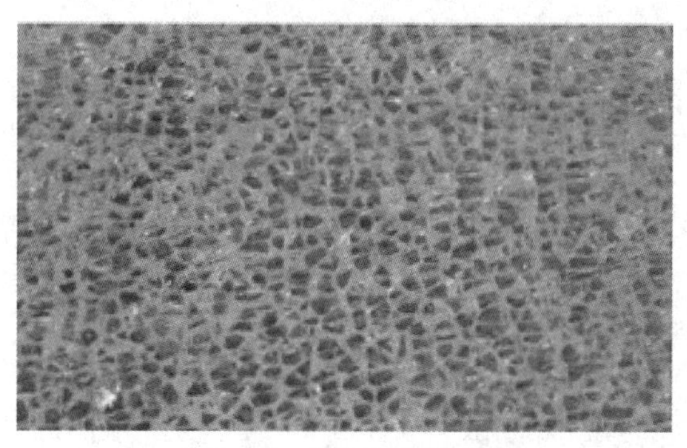

图 3-1-2　钢化玻璃结构图

2. 镀膜玻璃的增透原理

光从一种介质进入另一种介质时，只要密度不同，都要产生折射和反射，如图 3-1-3 所示。光在空气和玻璃界面每次反射的光能量占入射总能量的 4%，透射的光能量占 96%（一片玻璃两次反射，透射光能量占 92%），光从折射率较小的介质入射到折射率较大的介质表面时，反射光在入射点发生 π 的相位跃变，即光程有半个波长的突变。当玻璃薄膜的厚度适当时，对于在薄膜的两个面上反射的光，路程差恰好等于半个波长，因而互相抵消。这就大大减少了光的反射损失，增强了透射光的强度。

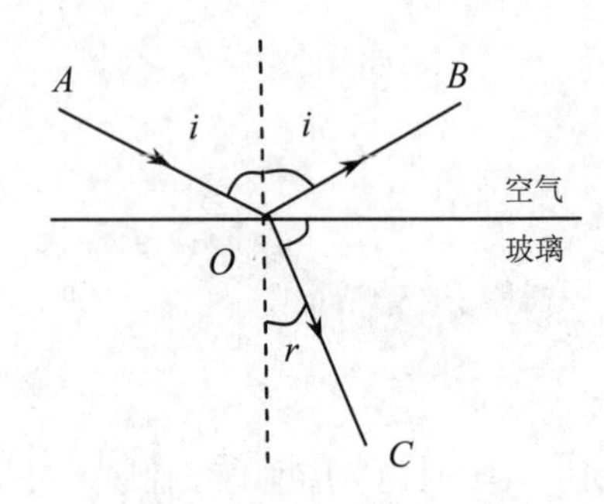

图 3-1-3　玻璃的折射、反射原理

镀膜玻璃优点：

（1）强度比普通玻璃提高数倍，抗弯强度是普通玻璃的 3～5 倍，抗冲击强度是普通玻璃 5～10 倍。

（2）安全性能佳，即使破碎也无锐角的小碎片，极大地降低了对人体的伤害。耐急冷急热性质有 2～3 倍的提高，可承受 150℃以上的温差变化，对防止热炸裂有明显的效果。

镀膜玻璃缺点：

（1）不能再进行切割、加工。钢化前就将玻璃加工成了需要的形状，然后才对玻璃进行钢化处理。

（2）钢化玻璃在温差变化大时会自爆。

3. 光伏玻璃的检测内容

一般性能：外观质量、尺寸及允许偏差、弯曲度。

光学性能：可见光透射比、太阳光直接透射比、铁含量。

安全性能：抗冲击性能、碎片状态、耐热冲击性能。

4. 光伏组件的玻璃发展趋势

（1）薄玻璃（重量更轻）。

优势：厚度可选性大，重量变得更轻，透光率略微上升。

难题：波形度变大，钢化颗粒数不达标。

（2）高增透玻璃（透过率更高）。

（3）双绒面玻璃（集前两者优势）。

优势：双玻组件，降低电池工作温度，提高了效率，透光率略微上升，美观。

难题：具有钢化擦伤问题，组件功率实际增益不明显。

3.1.2　认识 EVA 胶膜

目前，晶体硅太阳能电池的主要封黏材料是 EVA，它是乙烯与乙酸乙烯酯（VA）的共聚物。EVA 胶膜是一种受热会发生交联反应，形成热固性凝胶树脂的热固性热熔胶。常温下其无黏性而具有抗黏性，操作方便，经过一定条件热压便会发生熔融黏接与交联固化，并变得完全透明。长期的实践证明，它在太阳能电池的封装与户外使用方面均获得了令人相当满意的效果。

EVA 胶膜在未层压前是线性大分子，当受热时发生交联反应，交联剂分解，形成活性自由基，引发 EVA 分子间反应形成网状结构，从而提高 EVA 的力学性能、耐热性、耐溶剂性、耐老化性。

固化后的 EVA 具有弹性，将太阳能电池组包封，并和上层保护材料（玻璃）、下层保护材料（TPT），通过真空层压技术黏为一体。另一方面，它和玻璃黏合后能提高玻璃的透光率，起到增透的作用，从而提升光伏组件的输出功率。

1. EVA 的主要成分与主要性能参数之间的关系

EVA 胶膜主要由 EVA 主体、交联剂体系、阻聚剂、热稳定剂、光稳定剂、硅烷偶联剂等组成。EVA 的主要成分对 EVA 性能的影响如表 3-1-1 所示。

表 3-1-1　EVA 的主要成分对 EVA 性能的影响

成分名称	对性能的影响
VA 含量	VA 含量越高，流动性越大，软化点越低，黏结性越好，极性越大
分子量及分布	分子量越高，流动性越差，整体力学性能越好
交联剂体系	决定 EVA 的固化温度与固化时间。好的交联剂体系可以降低气泡产生的可能性，同时残留的自由基少，可减少不稳定因素
阻聚剂	主要用来延迟交联反应的时间，有利于抽真空时气泡的排除
抗氧剂	提高 EVA 的抗氧化性能
光稳定剂	提高 EVA 的耐紫外老化性及耐黄变性，捕捉自由基，延缓 EVA 老化
硅烷偶联剂	提高 EVA 与玻璃的黏接强度

2. EVA 胶膜的技术要求

光伏组件中存在上下两层 EVA。对于上层的 EVA 胶膜，不仅要求其具有较高的透光率以及较高的抗紫外线性、抗热辐射性，还需要其具有良好的绝缘性能、耐温度交变性以及可靠的黏接性。下层的 EVA 胶膜除要具有上述性能外，还需要具有良好的导热性，以便将硅电池片上积蓄的热能量尽快消散，避免硅电池光电转换效率下降较快。有资料表明，温度的升高会导致电池效率的下降，在没有考虑电池冷却的情况下，太阳能电池的工作温度可达到 70℃或更高，此时电池的实际功率将比标准条件下的功率减少 18%～29%。EVA 的主要性能指标如表 3-1-2 所示。

表 3-1-2　EVA 的主要性能指标

性能	指标
玻璃化转变温度	<-40℃
工作温度	-40℃～90℃
模量	<20.7
可水解性	80℃、相对湿度为 100%，不水解
抗热氧化性	85℃以上稳定
成型温度	<170℃
UV 吸收和可降解性	对 350mm 以上波段不敏感
厚度	0.1～1.0mm
气味、毒性	无
绝缘电压	>600V

3. EVA 胶膜的储存与使用要点

（1）储存温度为 5℃～30℃，湿度小于 60%，避光，远离阳光直射、热源，防尘、防火。

（2）完整包装储存时间为半年，拆包后储存时间为三个月，应尽快使用，把未使用完的产品按原包装或同等包装重新包装。

（3）不要将脱去包装的整卷胶膜暴露在空气中，分切成片的胶膜如不能当天用完，要遮盖紧密，重新包装好。

（4）不要用手接触 EVA 胶膜表面，注意防尘防潮，避免其与带色物体接触。

（5）EVA 胶膜在收卷时会轻微拉紧，因此再放卷切裁时不要用力拉，切裁后放置半小时，让胶膜自然回缩后再用于叠层。

4. 常见的 EVA 失效方式

（1）发黄：EVA 发黄由两个因素导致，EVA 的配方决定其抗黄变性能的好坏。

（2）气泡：气泡包括两种，即层压时出现的气泡和层压后使用过程中出现的气泡。层压时出现的气泡与 EVA 的添加剂体系、其他材料与 EVA 的匹配性、层压工艺均有关系；导致层压后出现气泡的因素众多，一般是由材料间匹配性差导致。

（3）脱层：原因是交联度不合格，与背板黏接度差，或玻璃脏污，硅胶封装性能差。

3.1.3　认识 TPT 背板

太阳能背板位于太阳能电池板的背面，对电池片起保护和支撑作用，具有可靠的绝缘性、阻水性、耐老化性。太阳能背板一般具有三层结构（PVDF/PET/PVDF），外层保护层 PVDF 具有良好的抗环境侵蚀能力，中间层 PET 聚酯薄膜具有良好的绝缘性能，内层 PVDF 与 EVA 具有良好的黏接性能。

1. 太阳能背板材料

太阳能背板材料有：TPT 太阳能背板、TPE 太阳能背板、BBF 太阳能背板、EVA 太阳能背板。

TPT 太阳能背板：TPT 是聚氟乙烯复合膜，严格意义上的 TPT 是指使用杜邦 Tedlar 制成的 Tedlar+PET+Tedlar 的三层复合膜。杜邦公司对氟化物的研究居于世界一流位置，基本没有对手。只有 Gore 公司也许能与其一拼，然而，Gore 可以说是杜邦分出去的公司。Tedlar 目前仅由杜邦生产。

TPE 太阳能背板：这是一个总称，即热塑性弹性体，它通常包括嵌段共聚物（苯乙烯类树脂、共聚多酯、聚氨酯和聚酰胺），以及热塑性弹性体掺混物及合金（热塑性聚烯烃和热塑性硫化橡胶）。其中，嵌段共聚物使用相对广泛，包含苯乙烯类树脂和氢化树脂。

BBF 太阳能背板：由 EVA+PET+THV 制成的复合物，一般采用三层结构。THV 树脂是四氟乙烯、六氟丙烯和氟化亚乙烯的三元共聚物，是目前韧性最佳的氟聚合物，具有最高等级的光学透明度。

EVA 太阳能背板：乙烯-醋酸乙烯酯树脂，柔韧度较好，常温下没有黏性，在一定温度下与背板和玻璃体现较强的黏接性能。

2. 背板作用

背板通过自身优良的物理机械性能、耐老化性能、绝缘性能、水汽阻隔性能，使组件成为一个有较好物理机械强度的整体，并且使内部结构长时间不受外界有害因素影响，从而对太阳能电池组件提供保护和支撑作用。此外，由于加工工艺的要求，背板还要在层压时与 EVA 胶膜牢固黏合，还要与黏接接线盒的硅胶牢固黏合。

3. 光伏背板检测内容

物理性能：拉伸强度、伸长率、收缩率。

绝缘阻隔性能：局部放电、击穿电压、水蒸气透过率。

耐候性能：抗湿热老化性、抗紫外老化性。

黏接性能：剥离强度。

4. 太阳能背板胶

恪诺化工 TPT 太阳能背板胶以德国合成改性树脂调制，配合太阳能柔性电池工业发展而成，对 PET 和 PVDF 薄膜等均具优异附着力，柔韧性优良，耐候性极佳。

太阳能背板胶特性：

（1）对 PET、PVDF 薄膜等有良好附着性，有超强剥离强度。

（2）干燥迅速，作业简便。

（3）热复合温度低，熟化时间短。

（4）双八五测试，抗老化性能优异。

5. 背板发展趋势

背板发展趋势：高可靠性、轻量化、意匠性、DIY 性、分布式光伏配套性、价格更低。

3.1.4 铝型材

太阳能组件要保证长达 25 年左右的使用寿命，铝合金表面必须经过钝化处理，表面氧化层的处理厚度参照太阳能组件进行标注。

铝型材的表面处理技术分为阳极氧化、喷砂氧化和电泳氧化三种。

铝型材性能要求：铝型材硬度要高，韦氏硬度要大于 12；要具有耐热性、抗腐蚀性（抗酸雨、海风、紫外线）；与组件安装后要增强组件抗冲击性能（大风冲击及抗雪压）、扭曲性能（安装使用时间 20 年以上不变形）等优点。

铝型材作用：保护玻璃边缘，提高组件的整体机械强度，结合硅胶打边，增强了组件的密封度，便于组件的安装和运输。

3.1.5 硅胶

硅胶是由氟硅氧烷、交联剂、催化剂、填料等组成，其中硅（Si）是非金属，可塑性强，电气性能强，耐温度性及耐候性强。

硅胶作用：是密封绝缘玻璃和太阳能电池板的材料，它防水防潮，耐化学腐蚀，耐气候老化 25 年以上；用来黏接组件和铝边框，保护组件减少外力的冲击。光伏组件专用密封胶是中性单组分有机硅密封胶。

硅胶的使用：

（1）铝合金边框用硅胶密封。

（2）接线盒固定在电池板背后用硅胶黏接。

（3）有些接线盒里面灌封导热硅胶材料密封。

3.1.6 接线盒

光伏组件接线盒主要由接线盒与连接器两部分组成，主要功能是连接并保护太阳能光伏组件，同时将光伏组件产生的电流传导出来供用户使用。

【任务实施】

光伏组件的叠层操作步骤如图 3-1-4 所示。

（1）将玻璃绒面向上放在叠层台上，检查有无污垢、划伤及气泡等，有不合格现象应立即向组长汇报，清洗合格的玻璃表面。

（2）取一片 EVA 胶膜，抖平，检查有无异物、污垢（若有，清除）或孔洞（若有，填补），绒面向上均匀覆盖玻璃，每边至少超出玻璃 5mm，将叠层模板按要求放在玻璃两端。

（3）两手握转接模板靠身体侧，将电池串按极性倒在铺有 EVA 的玻璃上的相应位置，注意动作协调，防止电池串变形。

（4）检查电池片有无裂纹或严重虚焊、脱焊问题，若有及时返工。

（5）按设计要求调整电池串四边到玻璃边沿的距离（优先保证引出线端尺寸）和电池串之间的距离（抬起或前后拉动调整，再用工具微调），按要求用 3M 胶带固定。

（6）按设计要求贴序列号（注意方向），加锡焊接汇流条和引出线（汇流条在下，用镊子夹起，焊接部分保持光亮），再按设计要求将引出线引出。

（7）放置隔离 EVA、背板，卡住外汇流条，用 3M 胶带固定引出线，检查有无异物。

（8）取一片 EVA，抖平，检查有无异物、污垢（若有，清除）或孔洞（若有，填补），绒面向着电池片均匀覆盖玻璃，引出汇流条。

（9）取背板，检查有无污损、划伤、褶皱，有标记面向着电池片铺平，（若无标记则根据技术要求操作），均匀覆盖玻璃，引出汇流条。

（10）按引出线正负极夹好鳄鱼夹，打开碘钨灯，检测电流电压值是否符合要求，关闭碘钨灯，做好记录，合格的话填写流转单，若不合格则查明原因。

（11）用白胶带固定组件四角（也可用电烙铁将组件背板和 EVA 四角焊牢），用铅笔抄写序列号于引出线下方，检查确认合格后，放入指定地点，注意抬放时手不得挤压电池片。

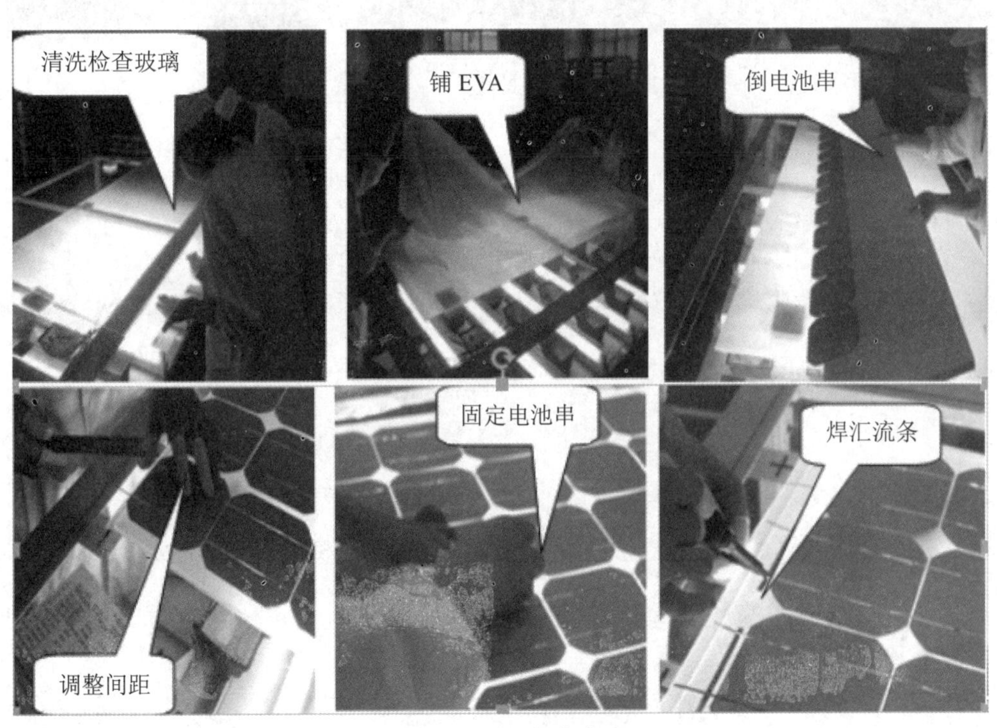

图 3-1-4　叠层操作步骤

图 3-1-4　叠层操作步骤（续图）

【任务训练】

1．设计实验，按照面板玻璃检验项目对面板玻璃进行检验。

2．设计实验，按照 EVA 胶膜检验项目对 EVA 胶膜进行检验。

3．设计实验，按照 TPT 背板检验项目对 TPT 背板进行检验。

任务 3.2　叠层铺设及中检工艺

【任务目标】

本任务主要是让学生了解光伏组件的叠层铺设工艺及中检工艺流程，掌握叠层铺设工艺及中检工艺技术规范。

【任务描述】

叠层铺设及中检工序是后续层压工序顺利进行的保障，以钢化玻璃为载体，在乙酸-乙酸乙烯酯共聚物（EVA 胶膜）上将串接好的电池串用汇流带按照设计图纸要求进行正确连接，拼接成所需的电池方阵，并覆盖乙酸-乙酸乙烯酯共聚物（EVA胶膜）和TPT背板材料，完成叠层过程。为了保证叠层过程中拼接电极的正确，通过模拟太阳光源对叠层完成的电池组件进行电性能测试检验。好的铺设工艺不仅能够保证组件的美观，还能保证层压工序的顺利进行。

【相关知识】

3.2.1　叠层铺设工序设备

1．叠层铺设检测台

叠层铺设台主要用于组件生产过程中组件的叠层铺设和模拟测试，如图3-2-1所示。叠层铺设台整体框架结构采用优质铝型材制作，直流电压表、电流表均采用数字显示，测试光源采用高亮度碘钨灯，测试光源的控制及电流、电压的测试显示均采用自动切换装置，且为一键式操作，可有效提高叠层铺设工序的工作效率。

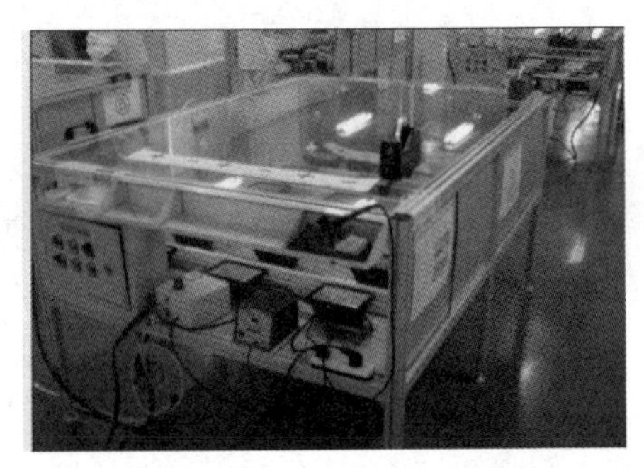

图3-2-1　组件叠层铺设检测台

技术参数：

（1）尺寸：1800×1280×900铝合金框架。

（2）检测用300W卤素灯18盏，辅助照明用40W日光灯4盏。

（3）电源电压：三相五线380V。功率：200W。峰值功率：5.6kW。

（4）检测电压：0～100V。电流：0～10A。

（5）铝合金框架，可进行功率测试，不合格则报警，高度可调（0～80cm），外观新颖，现代感强，与洁净车间色调一致。

（6）一键操作完成在统一照度下的光电流、电压检测，不合格则自动报警，可及时在层压前发现各种质量隐患。

（7）焊台、剪刀、互联条、汇流条及其他工具有专用工具盒安放。

（8）本叠层台是专用于太阳能电池串叠层的专用设备。

（9）本铺设台光源由碘钨灯及日光灯组成，工作时可调节光源强度模拟太阳光照，对电池组件的开路电压、短路电流进行测试，还可对组件焊接缺陷进行检查。

2. 裁切台

裁切台主要用于 EVA 胶膜和 TPT 背板的下料裁切，如图 3-2-2 所示。设备整体框架结构采用优质铝型材制造。夹持结构采用上、下导辊式，使分切材料移动更平整，且导辊之间高度可根据分切材料厚度自由调节。裁切台设有纵、横向定位尺，使分切材料尺寸更准确。

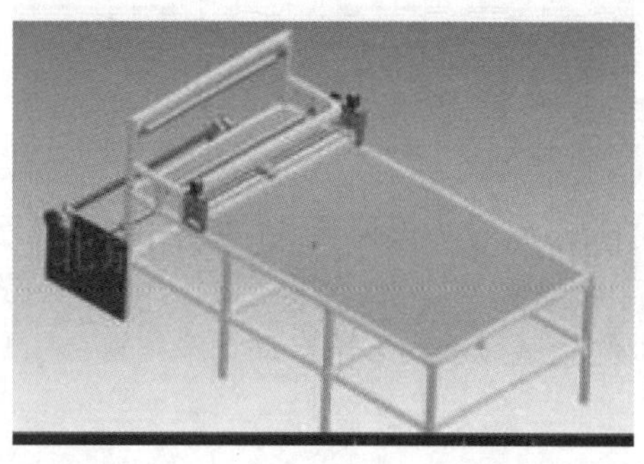
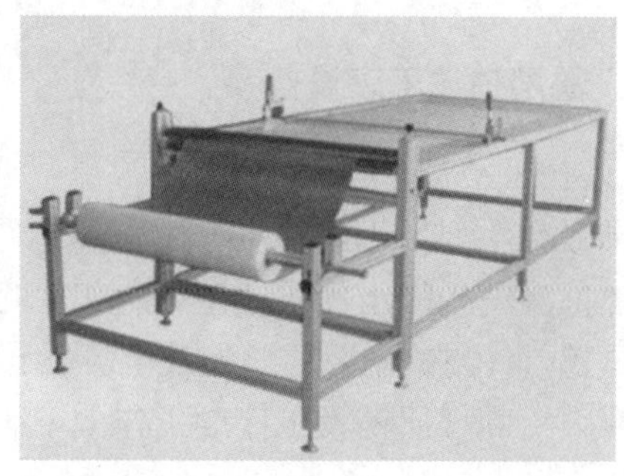

图 3-2-2 组件手动裁切台

设备介绍：

（1）整体结构采用铝型材制作。

（2）支撑 EVA、TPT 裁切，采用轴承滑动，灵活性好，中间设有定位装置同时裁剪 EVA 和 TPT。

（3）分为上下两层，低层可放常用工具，支撑腿部位装有可调螺母。

（4）采用调整式底脚，可根据需要调整高度。

（5）主要部件均采用可拆卸式结构，便于异地运输。

3. 叠层组件放置架

叠层组件放置架用于已叠层铺设好的各种规格组件的临时放置，为后续层压工序所需组件的暂放和运输用，如图 3-2-3 所示。

图 3-2-3 叠层组件放置架

设备介绍：

（1）叠层组件放置架由钢材焊接及胶套联合组装而成。

（2）可以一次性放置 10 套 160W 的待压组件。

（3）叠层组件放置架均由胶套将组件与钢结构隔开，避免了组件的划伤及碰损等意外情况。

（4）下部装有可以灵活转动的万向滚轮，以保证放置架顺利到达指定位置。

（5）在到达指定位置后可以将放置架锁定在该位置处，保证其不会因自行运动而造成意外的损失。

3.2.2　材料准备

1. 面板玻璃的清洗

面板玻璃铺设前应进行清洗，大规模生产一般都是用玻璃清洗机进行清洗和烘干，然后一片片放置在玻璃架车上供叠层铺设工序使用。清洗前要仔细检查玻璃表面是否有划痕、缺角和气泡等，如有则应将该块玻璃剔出。小规模生产时用无水乙醇对玻璃进行擦拭，方法是将玻璃平放在工作台上，注意玻璃的铺设面（有花纹一面）朝上，用无纺布蘸无水乙醇对玻璃的铺设面进行擦拭。擦拭完毕的玻璃，铺设面朝上放在架车上晾干待用。抽取、摆放和清洗玻璃时，一定要注意不要让玻璃破碎或把手划伤。为安全起见，在搬运过程中要求戴上帆布手套。

2. EVA 和 TPT 的裁切

（1）EVA 和 TPT 的裁切应双人操作，裁切前应开箱检查 EVA、TPT 的规格是否符合要求，是否有明显的折痕；检查 EVA、TPT 是否有开裂、孔洞、杂物和污点等。

（2）将裁切台钢管穿过 EVA 或 TPT 圆筒中心轴孔，并将其抬放在裁切台固定位置上。

（3）将 EVA 或 TPT 展开铺平，测量其长度和宽度。通常裁切后的长度和宽度要比玻璃尺寸大 10～15mm。

（4）辅助人员和裁切人员分别站在裁切台两侧，测量裁切尺寸并用压条压住待裁切的材料，注意使长宽之间边缘保持垂直。

（5）尺寸定好后，两人同时压紧压条，裁切人员用美工刀紧贴压条划切 EVA 或 TPT 材料。裁切好的材料按不同的规格尺寸分别整理叠放在其他工作台上或放置架上。

（6）裁切后的 EVA 长度和宽度较要求规格误差不超过 3mm，相邻两边垂直夹角误差不超过 3°，切割边缘要整齐。

裁切后的 TPT 长度和宽度较要求规格误差不超过 2mm，相邻两边垂直夹角误差不超过 2°，切割边缘要平直、光滑整齐。

（7）裁切中要注意安全，谨慎使用刀具，防止手指被划伤。

（8）裁切台及工作场地要随时清理，始终保持清洁，工作场地不得有油渍、水渍。

3.2.3　工艺要求

（1）电池串定位准确，串接汇流带的平行间距应与图纸要求一致。

（2）汇流带长度与图纸要求一致。

（3）汇流带平直无折痕，焊接良好无虚焊、假焊、短路等现象。

（4）组件内无裂片隐裂、缺角、印刷不良、极性接反、短路、断路等现象，电池串极性连接正确。

（5）组件内无杂质、污迹、残留的助焊剂、焊带头、焊锡渣。

（6）EVA 与 TPT 大于玻璃尺寸，完全覆盖。

（7）EVA 无杂物、没变质、没变色，TPT 无褶皱、划伤等现象。

（8）组件两端汇流带距离玻璃边缘符合图纸设计的尺寸要求。

（9）缺角电池片尺寸使用具体要求见质量标准。

（10）玻璃平整，无缺口、划伤（按玻璃检验规范）。

（11）所测组件的电压必须在组件测试电压的规定范围以内，不能小于组件测试电压。

（12）触摸任何材料时和作业过程都必须佩戴干净的手套。

（13）线手套必须每班更换，保持手套的洁净干燥。

（14）助焊剂每班更换一次，玻璃皿及时清洗。

【任务实施】

3.2.4 操作前外观检测

（1）检查钢化玻璃有无缺陷，检验参照钢化玻璃检验标准。

（2）将玻璃抬至叠层工作台上，玻璃绒面朝上，四角和叠层台上定位角标靠齐对正，用无纺布对钢化玻璃进行清洁。

（3）在玻璃上平铺一层裁剪好的 EVA 胶膜（EVA 胶膜绒面向上，长宽边缘比玻璃大 5mm 左右），不得裸手拿取。

（4）在玻璃两端 EVA 胶膜上放好符合组件板型设计的叠层定位模板，注意和玻璃四角靠齐对正，电池串放稳至叠层的工作台上。

（5）开灯检查电池串有无裂片、缺角、隐裂、移位、虚焊等现象，如果有严重问题应及时通知工艺员和质量员。

（6）检查电池片表面异物、残留助焊剂等一律清除，检查电池片是否有偏移（大于 0.5mm 以上为不合格，返修）。

（7）检查电池串电极引线是否过短、缺损或焊错，检查极性是否正确（正面出线为负极，反面出线为正极），检查电池排列是否正确（排列方式为“正－负－正－负－正－负”），出现错误则退回返修。

3.2.5 叠层铺设的操作

（1）整个叠层台面要保持整洁，除胶带机与模板外，任何物品禁止放在叠层台上，叠层台玻璃要擦拭干净、透明，以免影响测试数值，如图 3-2-4 所示；对于着装要特别注意，一定要戴好口罩，把头发完全盘在帽子里，除食指以外，全部要戴指套。

图 3-2-4　叠层台面清洁

（2）抬置玻璃时要检查玻璃有无气泡、划伤、缺角等不良问题，如果有应及时更换玻璃并用美纹纸贴在玻璃上写明不良现象并隔离，当确定玻璃没有异常后要擦洗玻璃，去除玻璃的表面污物，注意在放置时玻璃的毛面应朝上，EVA 胶膜线面向上，如图 3-2-5 所示。

图 3-2-5　放置玻璃和 EVA

（3）排列电池串之前一定要先检查电池串负极一面有无裂片、缺角、隐裂、移位、虚焊等现象，晶片表面脏的地方需用无尘布蘸少许酒精清洗干净，如图 3-2-6 所示。

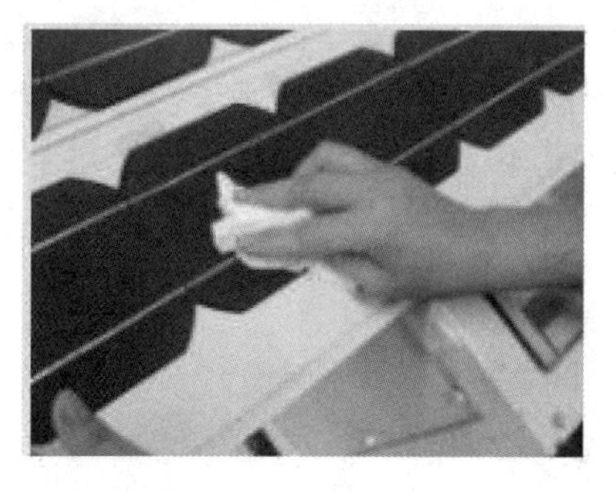

图 3-2-6　清洁电池串

（4）放置 EVA 时应通过 EVA 裁剪时间记录确认 EVA 有无过期，表面是否有异物，确认无误后将 EVA 毛面向上平放在玻璃上。放置电池片时要小心轻放，防止电池片破片。在放置电池片时先将模板放好，模板的边与玻璃的边要对齐，每串电池片的间距要与模板的尺寸符合，特别注意在放置好以后要检查一下“＋”与“-”有没有倒反，如图 3-2-7 所示。

图 3-2-7　摆放电池串

（5）焊接汇流条时应按图纸尺寸将汇流条摆放好再进行焊接，过程中要注意固定隔离 TPT，TPT 要隔离到位，多余的互联条、汇流条一定要剪掉，在剪汇流条时当发现汇流条边角翘起，一定要将其扶平以免在层压过程中划伤 TPT，如图 3-2-8 所示。

图 3-2-8　汇流条焊接和裁剪

（6）焊接好后在电池片上面再盖上另一张 EVA，也是毛面朝上，在相应的位置引出汇流条，连接测试线，打开碘钨灯，测试电性能，在测试时应保证组件下无杂物，同时注意观察碘钨灯有无全亮。当测试电压电流与设定值不一致时，应仔细检查组件是否有问题，如果没问题应将组件抬到测试处进行测试，具体曲线值应有工艺工程师确认合格后方可放行，若不合格则对其进行隔离并向组长反馈，如图 3-2-9 所示。

3.2.6　层叠铺设后外观检测

（1）将组件放在检查支架上。

（2）检查组件极性是否接反。

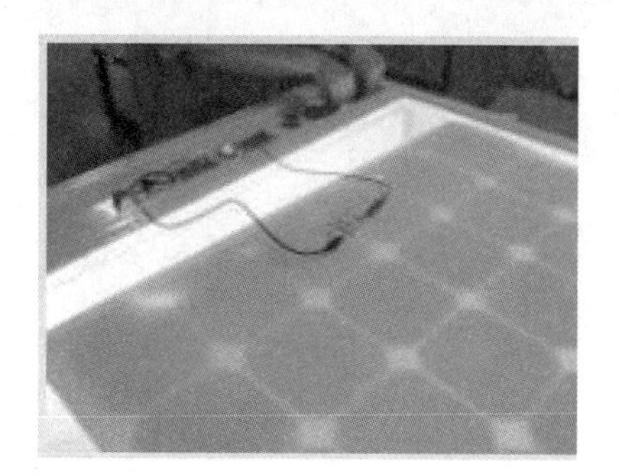

图 3-2-9　隔离与测试

（3）检查组件表面有无异物、缺角、隐裂。

（4）检查电池串间距是否均匀一致。

（5）检查组件 EVA 与 TPT 是否完全盖住玻璃，是否超出玻璃边缘 5mm 以上。

（6）组件表面无异物、引裂、裂片。

（7）检查合格后组件流入下道工序。

【任务训练】

1．实际操作一下叠层铺设检测台。

2．将四份练习用电池串，按图纸进行层叠铺设后测量开路电压和短路电流。

4

光伏组件的层压

【项目导读】

光伏组件进行层叠铺设和滴胶工艺以后就要进行光伏组件的层压工艺步骤了，本项目主要是让学生了解常用的组件层压设备的性能，掌握层压设备的操作方法和规程，掌握层压工艺要点。

任务 4.1　认识光伏组件层压设备

【任务目标】

了解常用的组件层压设备及其性能。

【任务描述】

层压设备包括全自动层压机、半自动层压机、空气压缩机、机械泵等，是实施光伏组件层压封装工艺的主要设备。本任务主要是让学生了解常用光伏组件层压设备的性能，为以后学习层压任务打下基础。

【相关知识】

4.1.1　层压机的定义

层压机是指动压板和定压板之间装有浮动压板的一种压机，即指带有三个或三个以上热压板的压机。层压机是制造太阳能电池组件所需的一种重要设备，是把EVA、太阳能电池片、钢化玻璃、背膜（TPT、PET等材料）在高温真空的条件下压成具有一定刚性的整体的一种设备。

4.1.2 层压机的用途

层压机是真空层压工艺使用的主要仪器，它的作用就是在真空条件下对EVA进行加热加压，实现EVA的固化，达到对太阳电池密封的目的。

对于层压机来说，需要设置的参数主要有四个：

（1）层压温度：对应着EVA的固化温度。

（2）抽气时间：对应着加压前的抽气时间。因为抽气完成后就是充气加压的过程，所以抽气时间又对应着加压的时机。抽气的目的：一是排出封装材料间隙的空气和层压过程中产生的气体，消除组件内的气泡；二是在层压机内部造成一个压力差，产生层压所需要的压力（参见层压机的工作原理）。

（3）充气时间：对应着层压时施加在组件上的压力，充气时间越长，压力越大。因为像EVA这种交联后形成的高分子，结构一般比较疏松，压力的存在可以使EVA胶膜固化后更加致密，具有更好的力学性能，同时也可以增强EVA与其他材料的黏合力。

（4）层压时间：对应着施加在组件上的压力的保持时间，是整个过程中时间最长的一个阶段。抽气时间、层压时间和抽气时间之和就对应着总的固化时间。

【任务实施】

4.1.3 认识和使用层压机

1. 全自动层压机设备资料（见图4-1-1）

设备型号：BSL2236OAC-Ⅱ型。

有效层压面积：2200mm×3600mm。

加热方式：油加热。

用途：单晶硅、多晶硅、非晶硅光伏电池组件的封装。

控制方式：自动（其他的还有半自动（见图4-1-2）、手动）。

2. 设备主要参数

设备外形尺寸：1600mm×15000mm×3450mm。

压缩空气压力：0.6～0.8MPa。

工作温度：层压工艺温度在100℃～180℃之间。

温控范围：30℃～180℃。

上盖行程：工作高度为150mm，检修高度为300mm，设有安全锁钩装置。

图 4-1-1　博硕全自动层压机 BSL2236OAC-Ⅱ型

图 4-1-2　博硕半自动层压机 BSL1122OB 型

4.1.4　层压机的主要结构

层压机的主要结构如图 4-1-3 所示。

1. 真空系统

真空系统由弹性硅胶板分隔成上下两个真空室，上盖与硅胶板构成上真空室，硅胶板和工作台形成下真空室。层压机的真空泵、抽真空气管、抽真空气孔和密封圈分别如图 4-1-4、图 4-1-5、图 4-1-6 所示。

加热站 工作台

真空泵

出料台

进料台

主机

图 4-1-3 层压机的主要结构

图 4-1-4 层压机的真空泵

上盖抽真空气管

图 4-1-5 层压机真空泵抽真空气管

工作过程中，真空室具有的三种状态：上真空室真空，下真空室充气；上、下真空室同时真空；上真空室充气，下真空室真空（实现对工件的层压）。

注意：*层压机设置有手动充气阀，停电时可以手动充气和泄压，如图 4-1-7。*

图 4-1-6 抽真空气孔和密封圈

图 4-1-6　抽真空气孔和密封圈（续图）

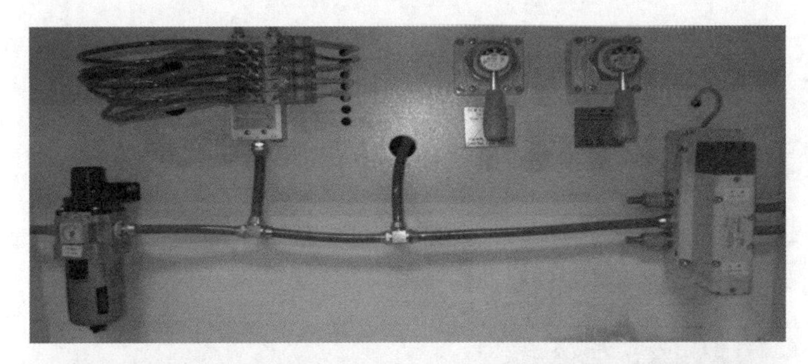

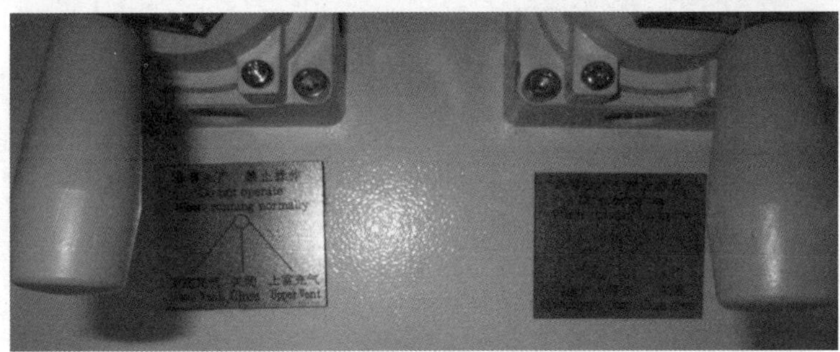

图 4-1-7　手动冲压和泄压

2. 设备加热系统

加热系统采用有机热载体炉作为供热装置，油泵提供动力，导热油为导热介质，如图 4-1-8、图 4-1-9 所示。

加热循环系统工作原理：热载体炉内的导热油被加热器加热，通过输油管道进入槽型管内对层压工作台进行加热，从而间接加热工件，热油释放热量回到加热箱内被加热器继续加热到一定温度，重新流入槽型管加热层压工作台，如此循环往复，实现对层压工作台的持续供热。加热后的膨胀油进入膨胀箱内，防止胀破加热箱。

注意：采用上述结构的加热装置的层压工作台的温度更均匀。

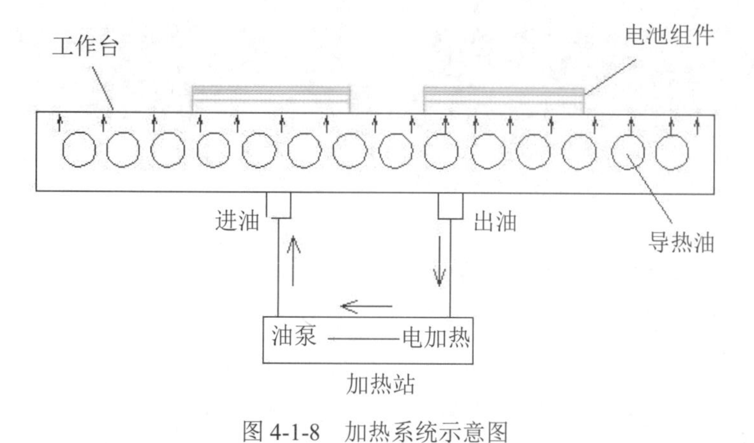

图 4-1-8　加热系统示意图

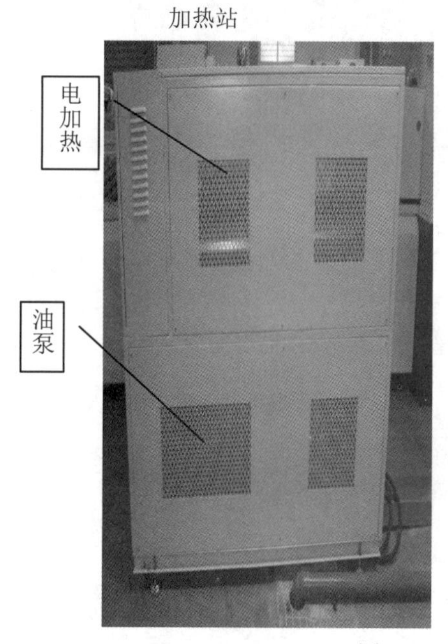

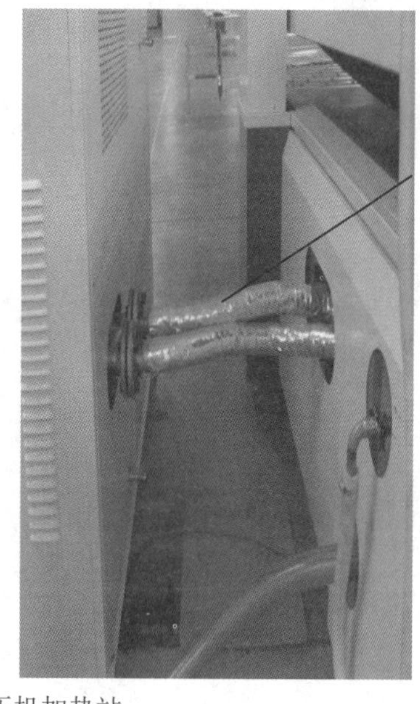

图 4-1-9　层压机加热站

3. *层压机传送系统*

层压机传送系统由进料传送系统＋主机传送系统＋出料传送系统构成，如图 4-1-10 所示。

主机传送系统由下箱体耐高温布传送系统组成，是由传送链和耐高温布组成的连带结合传送结构，传送链与输送带间通过拉杆固定连接成一体，达到连带的同步传动。

进料系统和出料系统均采用传输辊进行物料传输，出料台设置风冷系统，可以调速。

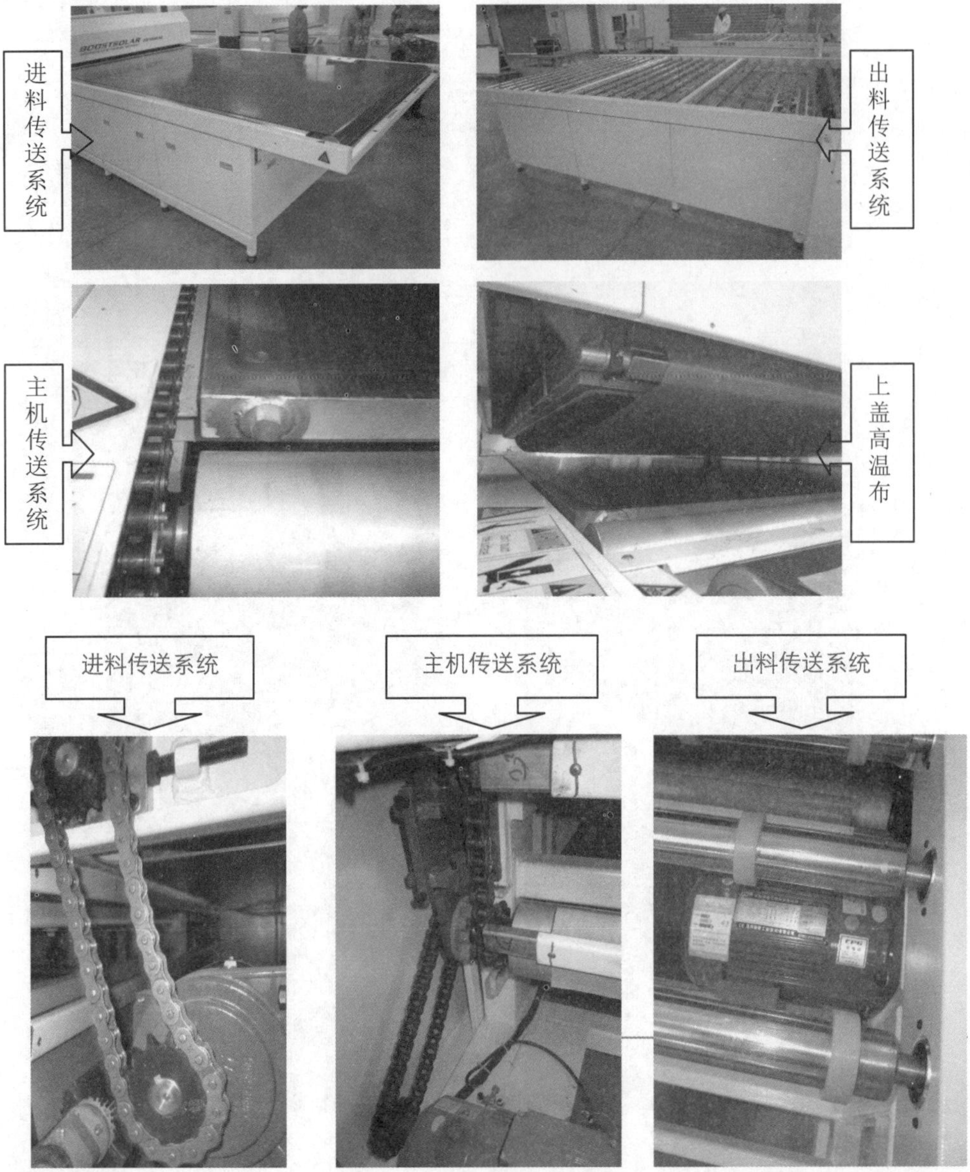

进料传送系统 出料传送系统 主机传送系统 上盖高温布

进料传送系统 主机传送系统 出料传送系统

图 4-1-10 层压机传送系统

4. 耐高温布清扫系统

层压机中设置有层压工作台高温布，对层压组件进行传送，在上箱安装有防止组件胶膜黏接硅胶板的高温布，防止因胶膜黏接在胶板上而影响生产，减短胶板使用寿命，对下输送的高温布配装有扫辊清扫装置，在自动进料进行时，可清洁对下输送高温布，如图 4-1-11 所示。

图 4-1-11 耐高温布清扫系统

5. 光电控制系统

层压机的光电控制系统包含进料台光电传感器、主机光电传感器、出料台光电传感器三组光电传感器，如图 4-1-12 所示。

进料台光电传感器：组件进入主机前的定位。主机会做出先于进料台的转动距离。

主机光电传感器：定位主机工作台的传送高温布。

出料台光电传感器：定位电池组件和高温布，使其停在出料台上，并且启动风冷系统。

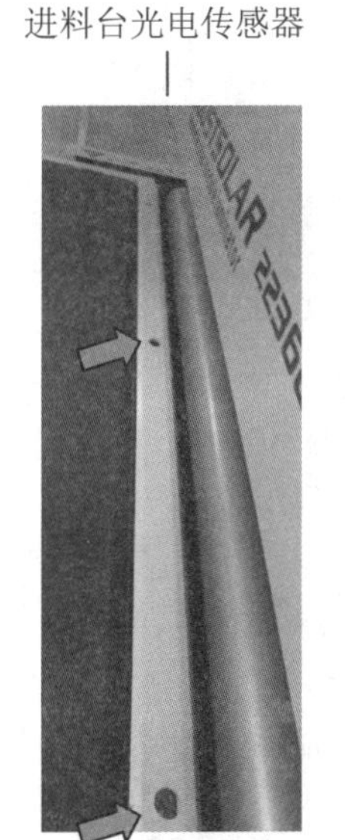
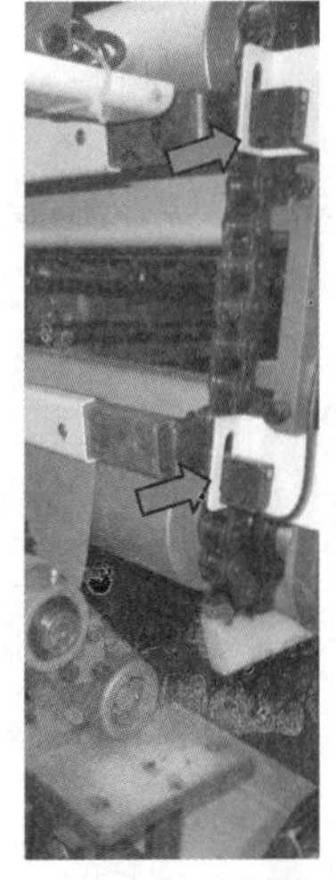
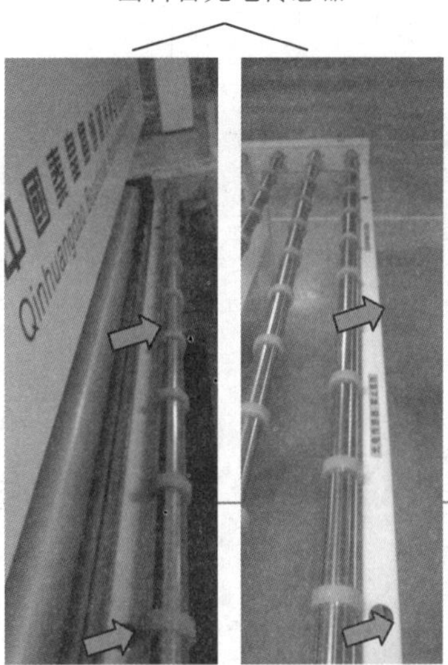

图 4-1-12 光电传感器的位置示意图

6. 层压机的控制和防护报警系统

层压机的控制和防护报警系统分别如图 4-1-13、图 4-1-14 所示。

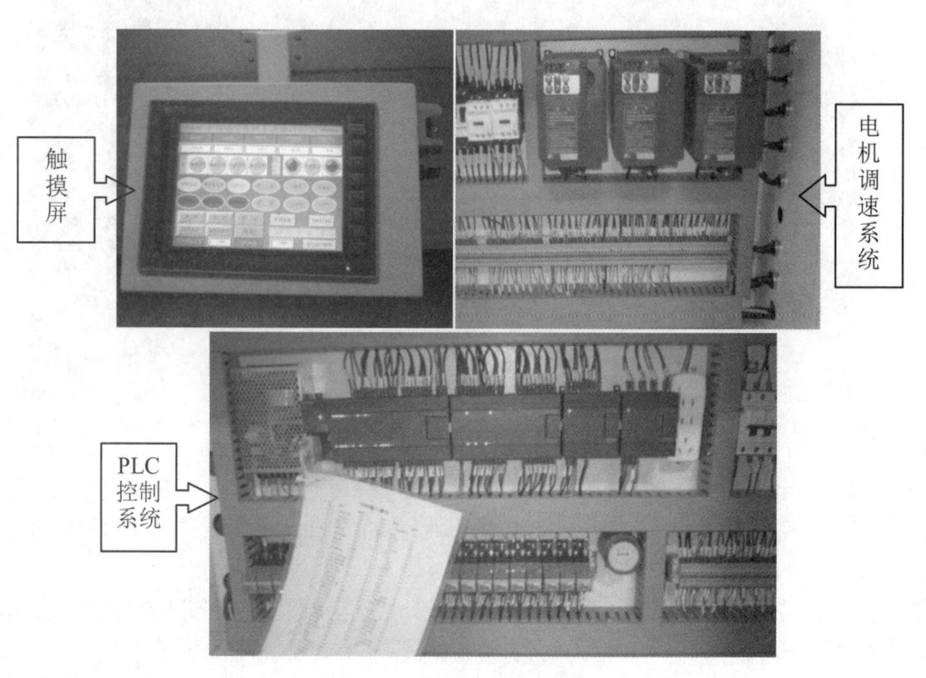

图 4-1-13　层压机的控制系统

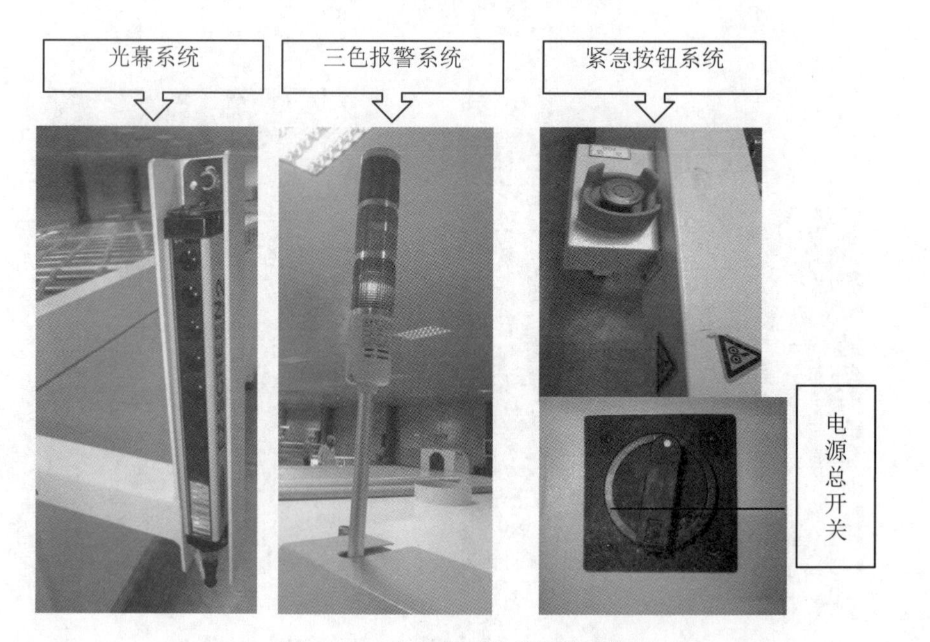

图 4-1-14　层压机的防护报警系统

【任务训练】

1．实际操作一下层压机设备，画出其功能结构图。
2．分组复述层压机各部分功能。

任务 4.2　光伏组件层压工艺

【任务目标】

主要掌握组件层压工艺，掌握层压设备的操作方法和规程。

【任务描述】

光伏组件的层压工序就是将叠层铺设好的光伏组件按照规程放入层压机内，通过抽真空系统将组件内的空气抽出，然后加热使 EVA 熔化并加压使熔化的 EVA 流动，充满玻璃、太阳能电池片和 TPT 背板之间的间隙，同时通过挤压排出中间的气泡，将太阳能电池片、面板玻璃和背板膜紧密黏合在一起，最后降温固化的工艺过程。本任务主要是让学生了解层压工艺的原理、层压工艺的操作。

【相关知识】

4.2.1　层压工艺

真空层压机就是在真空条件下把多层物质进行压合的机械设备。真空层压机应用于太阳能电池组装生产线上，我们称之为太阳能电池组件层压机。无论层压机应用于哪种作业，其工作原理都是相同的，就是在多层物质的表面施加一定的压力，将这些物质紧密地压合在一起。所不同的是根据不同的层压目的，压合的条件各不相同。层压机在运行过程中包括以下几个步骤：进料－关盖－上下室抽真空－上室充气加压－保压阶段－上室抽气、下室充气－开盖出料。层压机的操作包括十三个动作，如下：

（1）单动：单一的动作，即为每次层压结束后需要人工点击进料操作才能进行下一次的层压。

（2）联动：连续的动作，即为每次层压完后层压机将会自动进料进行下一次层压，适用于层叠速度大于机器层压速度的情况。

（3）上升：层压机上盖的打开动作。

（4）下降：层压机上盖的关闭动作。

（5）抽真空：该阶段为层压机上下室同时抽真空的时间段，时间一般设置在 320～350s 左右，不宜过长或偏短。

（6）层压第一、第二、第三阶段：为层压充气加压的阶段，充气结束后机器进入保压阶段。

（7）下室充气：为机器下腔室充气使其达到大气压强的状态，为机器开盖做好准备。

（8）热板温度设定：设定适用于不同 EVA 的层压温度。

（9）热板温度报警：设定层压报警的温度值，达到该温度后机器将报警并自动停止加热。

（10）热板温度补偿：应用于机器在设定值与实际值之间偏差较大时进行调节。

（11）加热油箱温度：当前油箱热油的温度值。

（12）状态切换：机器在自动与手动状态下的切换按钮。

（13）手动画面：点击此按钮可以进入手动菜单，进行相关的工艺、设备参数的修改等操作。

不同层压机的显示画面的含义大同小异，此处不再赘述。层压机界面上的值主要分为当前值和设定值两种。当前值即为机器当前的状态，通过这个值可以看出机器当前的温度、抽真空进入何时间段等信息；设定值即为根据实际生产需要我们设定的层压机的相关参数，该数值可以调节，但是在机器运行的阶段该值是不变的。

层压机工作状态下，在关闭层压机上盖后，后面的过程如下：

抽真空程序：下室真空，上室真空。

加压程序：下室真空，上室充气。

层压过程：下室真空，上室“0”。

开盖过程：下室充气，上室真空。

4.2.2 层压生产工艺及注意事项

1. 层压的生产工艺

准备工作：工作时必须穿工作衣、工作鞋，戴工作帽，佩戴绝热手套；做好工艺卫生（包括层压机内部和高温布的清洁）；确认紧急按钮处于正常状态。

所需材料、工具和设备：叠层好的组件、层压机、绝热手套、四氟布（高温布）、美工刀、1cm 文具胶带、手套。

2. 操作程序

（1）检查行程开关位置。

（2）开启层压机，并按照工艺要求设定相应的工艺参数，升温至设定温度。

（3）走一个空循环，全程监视真空度参数变化是否正常，确认层压机真空度达到规定要求。

（4）试压，铺好一层纤维布，注意正反面和上下布，抬一块待层压组件。

（5）取流转单，检查电流电压值，察看组件中电池片、汇流条是否有明显位移，是否有异物、破片等其他不良现象，如有则退回上道工序。

（6）戴上手套，从存放处搬运叠层，并检验合格的组件，在搬运过程中手不得挤压电池（防止破片），要保持平稳（防止组件内电池片位移）。

（7）将组件玻璃面向下、引出线向左，平稳放入层压机中部，然后再盖一层纤维布（注意使纤维布正面向着组件），进行层压操作。

（8）观察层压工作时的相关参数（温度、真空度及上、下室状态），尤其注意真空度是否正常，并将相关参数记录在流转单上。

（9）待层压操作完成后，层压机上盖自动开启，取出组件（或自动输出）。

（10）冷却后揭下纤维布，并清洗纤维布。

（11）检查组件是否符合工艺质量要求，将其冷却到一定程度后，修边（玻璃面向下，刀具斜向约45°，注意保持刀具锋利，防止拉伤背板边沿）。

（12）经检验合格后放到指定位置，若不合格则隔离等待返工。

3. *层压前检查*

（1）检查组件内序列号是否与流转单序列号一致。

（2）检查流转单上电流、电压值等是否未填或未测、有错误等。

（3）检查组件引出的正负极（一般左正右负）。

（4）检查引出线长度不能过短（防止装不入接线盒）、不能打折。

（5）检查TPT是否有划痕、划伤、褶皱、凹坑，是否安全覆盖玻璃，正反面是否正确。

（6）检查EVA的正反面、大小，有无破裂、污物等。

（7）检查玻璃的正反面、气泡、划伤等。

（8）检查组件内的锡渣、焊花、破片、缺角、头发、黑点、纤维、互联条或汇流条的残留等。

（9）检查隔离TPT是否到位，汇流条与互联条是否剪齐或未剪。

（10）层压中观察间距（电池片与电池片、电池片与玻璃边缘、电池串与电池串、电池片与汇流条、汇流条与汇流条、汇流条到玻璃边缘等），打开层压机上盖，上室真空表值为-0.1MPa、下室真空值表值为0.00MPa，确认温度、参数符合工艺要求后进料；组件完全进入层压机内部后点击下降按钮；上、下室真空表值都要达到-0.1MPa（抽真空，如发现异常按“急停”按钮，改手动将组件取出，排除故障后再试压一块组件），等设定时间走完后给上室充气（上室真空表显示0.00MPa，下室真空表仍然保持-0.1MPa开始层压）。层压完成后给下室放气（下室真空表变0.00MPa，上室真空表仍为0.00MPa），放气结束后开盖出料（上室真空表变为-0.1MPa，下室真空表不变）；接着四氟布自动返回至原点。

4. *层压后再次检查*

（1）检查TPT是否有划痕、划伤，是否安全覆盖玻璃，正反面是否正确，是否平整，有无褶皱，有无凹凸现象出现。

（2）检查组件内的锡渣、焊花、破片、缺角、头发、纤维等。

（3）检查隔离TPT是否到位、汇流条与互联条是否剪齐。

（4）检查间距（电池片与电池片、电池片与玻璃边缘、电池串与电池串、电池片与汇流条、汇流条与汇流条、汇流条到玻璃边缘等）是否均匀。

（5）检查色差、负极焊花现象是否严重。

（6）检查互联条是否有发黄现象，汇流条是否移位。

（7）检查组件内是否出现气泡或真空泡现象。

（8）检查是否有导体、异物搭接于两串电池片之间造成短路。

5. 质量要求

（1）TPT 要无划痕、划伤，正反面要正确。

（2）组件内无头发、纤维等异物，无气泡、碎片。

（3）组件内部电池片无明显位移，间隙均匀，最小间距不得小于 1mm。

（4）组件背面无明显凸起或者凹陷。

（5）组件汇流条之间间距不得小于 2mm。

（6）EVA 的凝胶率不能低于 75%，每批 EVA 要测量二次。

6. 注意事项

（1）层压机由专人操作，其他人员不得进入。

（2）修边时注意安全。

（3）玻璃纤维布上无残留 EVA、杂质等。

（4）钢化玻璃四角易碎，抬放时须小心保护。

（5）摆放组件时应平拿平放，手指不得按压电池片。

（6）放入组件后，迅速层压，开盖后迅速取出。

（7）检查冷却水位、行程开关和真空泵是否正常。

（8）区别画面状态和控制状态，防止误操作。

（9）出现异常情况按“急停”按钮后退出，排除故障后，首先恢复下室真空。

（10）下室放气速度设定后，不可随意改动，经设备主管同意后方可改动，并相应调整下室放气时间，层压参数由技术部来定，不得随意改动。

（11）上室橡胶皮属贵重易耗品，进料前应仔细检查，避免利器、铁器等物混入而划伤胶皮。

（12）开盖前必须检查下箱充气是否完成，否则不允许开盖，以免损伤设备。

（13）更换参数后必须走空循环，试压一块组件。

【任务实施】

4.2.3 图示层压机的操作方法

1. 层压前准备工作

急停开关

（1）层压前需准备：
①半成品隔板。
②周转托盘（ETP672、ETP660 等）。

（2）开机顺序：
①打开真空泵冷却水循环。
②打开总电源开关和 QF2 和 QF3 开关（见右图）。
③打开设备上的急停开关。
④检查真空泵油位、层压机电加热油位、液压站油位。
⑤点击自动操作界面上“自动/加热”按钮。

（3）层压之前的检查项目：
①O 型密封圈是否有破损。
②气囊上是否粘有 EVA 胶。
③下箱室与气囊之间是否垫一层高温布。

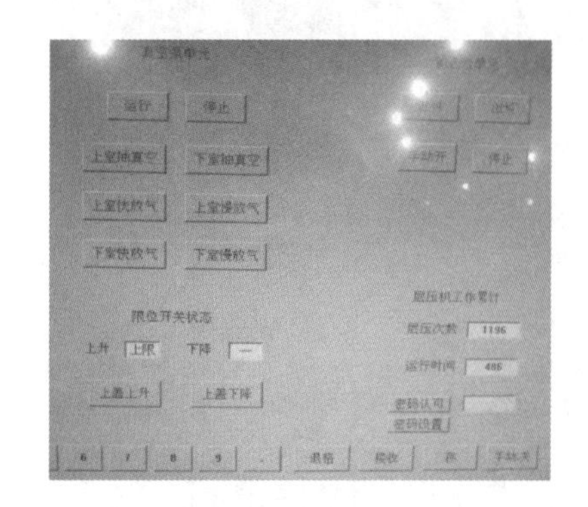

（4）试机步骤：
①在手动界面点击“运行”按钮。
②上下室抽真空。
③上室放气。
④下室放气。
⑤自动空压试机一次。

2. 组件上料

（1）铺设下层耐高温布。

注意：铺设下层耐高温布时，使用两层耐高温布，将干净的下层耐高温布铺在层压机上标示的定位区域内（不同的层压机放置耐高温布的位置不一样）。

（2）半成品组件检查。

注意：层压组件前检查组件条形码粘贴位置是否正确，组件内部是否有杂物（头发、纤维等），组件内部间隙距离是否符合要求等。从周转车上抬起组件时用两手平托住组件，保持水平，不可用手指按住电池片，不可挤压背材、EVA，以防止断片。

（3）将半成品组件抬至层压机前输送带上。

注意：将组件抬放置层压机传送带表面时，倾斜角度不要大于30°，防止电池片移位或破损，同时组件引出线位子朝着同一方向。

①使用的耐高温布要干净整洁，耐高温布表面不允许由杂物、残留的EVA胶等。
②根据不同的物料设定相应的层压工艺参数，工艺参数设定参照相应的工艺文件，同时由工艺人员现场指导。
③定期对热电偶进行校准。热电偶实测层压机热板的温度应控制为(143±3)℃。

（4）铺设上层耐高温布。

注意：按工艺要求在太阳组件下层垫两层耐高温布，上层铺设一层耐高温布。

3. 进料

（1）生产前测热板温度。

注意：进料之前检查上层高温布是否有残留的EVA，每班生产前拆除防护栏检测层压机热板温度是否达(143±3)℃，达到温度时才可进行物料层压工作；测量位置统一为层压机热板中段警示标志正下方部位。

（2）安装防护栏。

注意：在准备层压之前必须把防护栏安装好。

（3）进料。

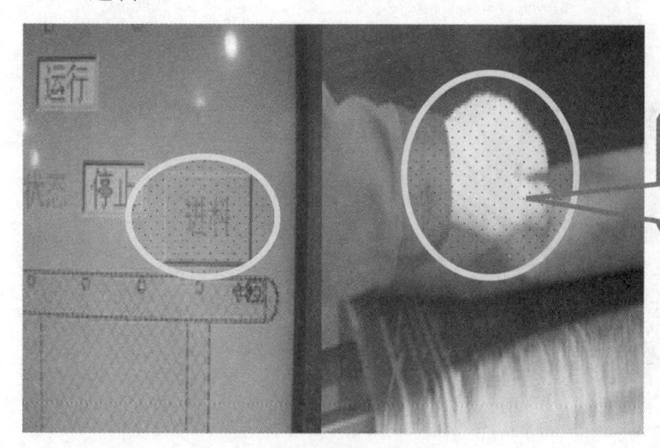

注意：进料时要掀起高温布的前端使组件顺利进入层压机内。

（4）关盖：点击“下降”按钮。

注意：进料结束后查看组件的位置。若没有到位，作业员需及时调整，若到位，则迅速关盖开始层压组件。

（5）监测层压机运行状况。

注意：

①观察真空泵、上室、下室真空度表，监控层压机抽真空状况（真空度是否在两分钟之内达到-98kPa以上）

②在《组件生产工艺流程卡》上填写层压机号、层压机温度、操作者、时间、质量等，要求信息真实详尽。

4. 组件出料

（1）接料。

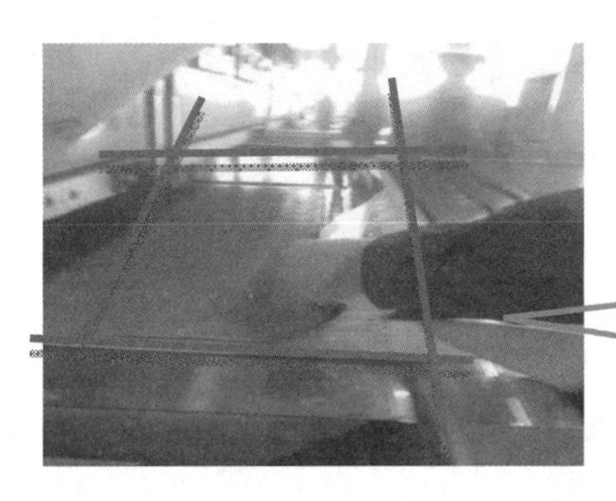

注意：出料时注意要在上盖与不锈钢挡板之间掀起高温布的一端（手的活动范围只允许在左图中方框区域内，禁止手伸入上盖下方），使组件顺利周转到层压机传送带上。

（2）测量热板温度。

注意：对于层压机运行中途测量温度，仅限各层压机主操作人员操作。

（3）组件冷却和二次上料。

注意：
①组件出料后先冷却，并使用第三套高温布上料。
②两分钟后揭开组件上层耐高温布，查看组件背面是否有不良现象。

（4）擦拭上层耐高温布。

（5）揭开组件背板出头胶带。

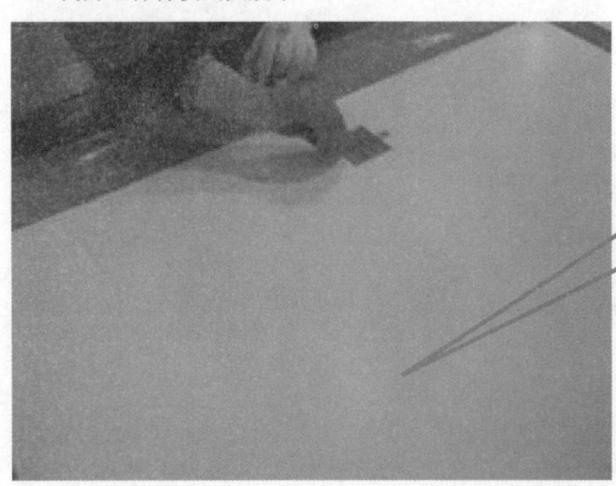

5. 切除多余边角料、自检

（1）将组件从层压机上抬下。

注意：反转组件时两人动作要协调一致。

（2）切边。

注意：切边之前要擦拭刀片，要及时更换钝的切边刀片；切边时刀片要与玻璃表面垂直（防止划伤组件背板）。刀片与组件边缘之间成 45°。常规大组件切边（见左图），小组件切边（见右图），切除的部分不要碰到组件，以免 EVA 胶粘到组件上。

（3）层压自检。

注意：对组件条形码、外观、组件内部间隙、杂物等进行自检。

（4）组件托盘放置

注意：组件正面朝上，流程卡放置在有条形码的一端且与组件的引出线方向一致，组件之间要用隔板间隔，摆放整齐。

（5）关机。

电加热油位柱。

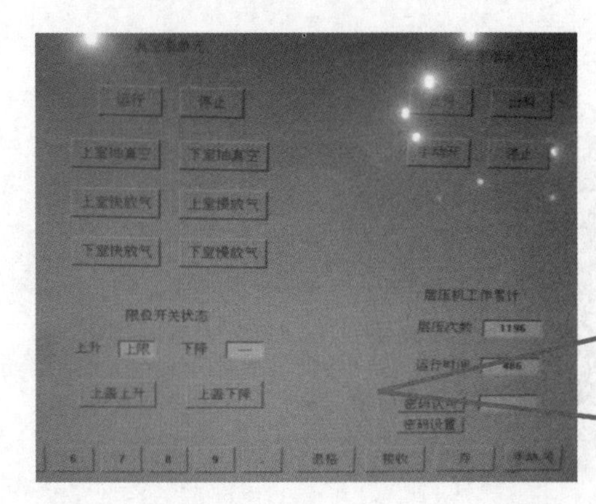

关机顺序：
①生产结束后，将上室关闭到位。
②退出程序。
③关闭计算机。
④关闭急停开关。
⑤关闭 QF2、QF3 开关及总电源。
⑥关闭真空泵冷却水循环（温度低于0度时不用关闭）。

4.2.4　层压机故障现象和排除方法

层压机故障现象和排除方法如表 4-2-1 所示。

表 4-2-1　层压机故障现象和排除方法

序号	故障现象	可能的原因	排除方法
1	开机后设备报警	在升温监控画面设定的温度偏差报警值不符	修改温度偏差报警值
2	点击设备自动按钮后设备无动作	设备报警	消除报警
		设备未在初始位置，即同时满足：开盖到位状态，主机输送带原点状态，上带高温布原点状态	如果有组件则进行出料操作，出料后在手动界面点击开盖按钮，上带回原点，主机回原点操作
3	真空报警	参数设置界面的真空报警数值及报警时间不符	改变相应参数设置
		真空泵及真空管路连接处漏气	重新检查并安装真空管路及真空阀体
		胶皮失效	检查胶皮是否破损，如果破损则更换胶皮
		手动充气阀门打开	打开气动箱关闭手动充气阀
4	设备初始化不能完成	层压机和冷压机的高温布不能找到原点位置	检查拉杆传感器是否损坏或被遮挡
		开关盖传感器失效	检查并调节传感器位置
5	关闭真空室后，下室不能抽真空	真空泵不运转	使真空泵正常运转
		真空泵运转方向与泵体箭头标志方向不一致	调换接线相序，使真空泵的运转方向与箭头一致
		压缩空气压力不正常	调整压缩空气压力
	关闭真空室后，上室不能抽真空	开/关盖限位开关工作不正常	调整或更换限位开关
		下真空阀体不能打开	清理阀体并检查更换密封圈
6	关闭真空室后，上室不能抽真空	上室管道漏气	找到漏气处修复
		上室真空电磁阀不能启动	使压缩空气压力达到要求或者更换电磁阀
		上室充气及真空开关损坏	更换开关
		真空胶皮失效	检查并更换真空胶皮
		上真空阀体不能打开	清理阀体并检查更换密封圈
		真空胶皮密封法兰封闭不严	重新安装并锁紧真空胶皮法兰
7	自动操作模式完成，不能出料	出料台传感器有外物遮挡	移走出料台物料

续表

序号	故障现象	可能的原因	排除方法
8	上盖不能打开	空气压缩机的压缩空气压力不正常	调整压缩空气压力
		汽缸的连接管路漏气	检查管路，排除故障
		开盖电磁阀损坏	更换损坏的电磁阀
		下室处于真空状态	待下室充气完成后再开盖，检查下充气阀或下真空阀的完好性
9	自动运行中，进料完毕，上盖不关盖	进料末端或前端光电传感器有遮挡	检查是否有遮挡物品，检查光电传感器是否正常工作
		关盖电磁阀损坏	检查接线是否正确，检查电源电压，或更换电磁阀
		上盖保险钩不能打开或保险钩检测信号有误	检查保险钩是否打开，传感器是否正常工作
		上传送带不在原点	检查光电传感器是否正常，手动到原点
		主机传送带不在原点	检查原点光电传感器，手动回原点
10	自动运行中，上室不能加压	上充气电磁阀故障	检查电磁阀、接线、供电电压是否正常
		气源压力不足或上充气阀体气管漏气	检查气管及气源供给
		硅胶板破损漏气	更换硅胶板
		上真空阀体关闭不严	检查阀体，清理并更换密封圈，涂抹真空硅脂，使之动作灵活
		压力传感器异常	检查气管及压力传感器接线，或更换压力传感器
11	自动运行中，不自动进料	进料台物料未准备好	请重新准备物料
		设备有报警，限制下次进料	查询报警并解除
		开盖不到位	检查开盖到位传感器

4.2.5　层压机的保养和维护

机械部分的日常保养：

（1）设备不得在潮湿的环境中使用。

（2）每班要检查加热箱内导热油油位，确保液面在上下限间。

（3）每班检查气动单连体内是否存在积水，如有积水应排除。

（4）每次用完设备，应及时清理工作面上的残留杂物，保持机器整洁。

（5）使用中应防止硬物碰击设备的工作平台，造成设备平台的磕碰损伤。

（6）注意保护高温输送带，防止尖硬物体与其发生刮擦。

（7）经常检查真空室内橡胶密封条，若发现松动与损坏，应及时维修或更换。

（8）每日清洁辊刷及废料容器中的杂物。

机械部分的定期保养：

（1）定期对真空阀门及充气阀门进行清理，检查并更换密封圈。

（2）定期对输送链进行润滑。

（3）毛辊刷在长时间使用后，应检查辊刷的磨损情况。可通过调整辊刷汽缸固定螺栓的上下位置，来获得适当的压力。

SD340 导热油的特点：

（1）无毒、无味、环境污染小。

（2）黏度适中，不易结焦，热效率高。

（3）闪点高，初馏点高，凝点低，使用安全。

（4）省电，省燃料，对设备无腐蚀性。

（5）可在较低的运行压力下，获得较高的工作温度，有效降低管线和锅炉的工作压力。

（6）加热快，使用温度高，热稳定性能好，使用寿命长，低压运行，安全可靠，操作方便。

注意：使用中若发现导热油的颜色变成深棕色或黑色，应当及时更换导热油。

【任务练习】

1．根据实验，检测各层压参数对光伏组件的最终性能的影响，记录到实验报告里面并进行分析。

2．结合知识拓展分析层压生产工序中组件内部出现问题的原因。

3. 发挥想象，设计一个光伏组件的外形，并说明原因。

4. 利用网络查阅更多关于组件返修的案例和资料，并进行总结。

【知识拓展】

层压阶段常见问题及解决方法：

问题 1：如何判断机器是否在自动运行？

解决方法：

（1）观察机器显示界面的数值是否在跳动，如抽真空后面的显示栏数值在不断变化，则说明机器肯定是处于工作状态的，这时不可以随便开盖或变动参数。

（2）观察机器的下室真空度，机器在运行过程中下室真空值是不可能为“0”的。

问题 2：机器不能关盖怎么办？

原因分析：一般是由于机器的上盖不在其限位上或光幕被遮挡造成的。

解决方法：检查上盖是否在其限位上或者检查光幕是否被挡住，然后重新关盖，联系设备部。

问题 3：如果发现真空度较差怎么办？

解决方法：检查机器的卡扣是否松动或脱落，检查真空泵里面的油有无发黑的现象，检查真空泵的表面温度是否过高，检查有无四氟布托在外面的现象。

问题 4：机器在运行过程中可以修改参数吗？

解决方法：理论上是可以的，但是个人不建议在运行中调节参数。

问题 5：冬季机器不能开盖怎么办？

解决方法：在手动状态下，点击“液压系统开”，待运行 10 秒后，一般就可以顺利开盖了。

问题 6：气泡的问题如何解决？

原因分析：

（1）真空泵出现故障或抽真空阶段停电导致大面积气泡，这种类型的气泡需要联系设备维修人员。

（2）异物导致的气泡：一般情况下湿度达到一定数值的异物会导致气泡，这需要前道工序的掌控。

（3）温度过高而 EVA 未溶导致的气泡：这种类型的气泡可以在保证胶黏度的情况采取降温措施(其实如果抛开胶黏度不论,除大面积气泡外,所有的气泡基本上都可以通过降温解决)，另外加大压力、增快充气速度等也是解决气泡的好方法。

（4）液体导致的气泡：目前我们常接触的这类气泡多是由于助焊剂、酒精导致的。

（5）另外重复层压（多是返工所为，且气泡多在互联条、汇流条附近）也会使得组件产生气泡（EVA 发生复杂的物理、化学反应产生新的气体）。

（6）EVA 已裁剪，放置时间过长，它已吸潮，这种情况也可能会导致气泡，需要将剪裁好的 EVA 及时用掉，将剩余的 EVA 密封保存。

（7）EVA 材料本身不纯，需要跟换新的 EVA。

（8）抽真空过短，加压已不能把气泡赶出，需增加抽真空的时间，并通知实验室进行材料层压实验，制定出最合理的层压参数。

（9）层压的压力不够，需增加层压的压力，并通知实验室进行材料层压实验，制定出最合理的层压参数。

（10）加热板温度不均，使局部提前固化，需通知设备部查明原因。

（11）层压时间过长或温度过高，使有机过氧化物分解，产出氧气，应通知实验室进行材料层压实验，制定出最合理的层压参数。

解决方法：

（1）控制好每天所用的 EVA 的数量，要让每个员工了解每天的生产任务。

（2）材料是由厂家所决定的，所以尽量选择较好的材料。

（3）调整层压工艺参数，使抽真空时间适量。

（4）增大层压压力（可通过层压时间来调整，也可以通过再垫一层高温布来实现。

（5）垫高温布，使组件受热均匀（最大温差小于 4℃）。

（6）根据厂家所提供的参数，确定总的层压时间，避免时间过长。

（7）应注重 7S 管理，尤其是在叠层这道工序，尽量避免异物的掉入。

问题 7：出现鼓点怎么办？

原因分析：电池片间隙间的鼓点一般是由温度过低而 EVA 收缩所致；电池片背面的互联条凸起（从 TPT 面清晰可见）一般是由于温度过高导致的。

解决方法：前者升高温度，后者降温可以解决该问题。

问题 8：出现鼓包怎么办？

原因分析：在组件制造过程中徒手接触电池片、EVA、TPT，造成污染，在使用过程中污物出现化学反应出现鼓包，生产过程中组件内有异物，经过层压后也可以导致出现鼓包、凹坑，而且，层压机的温度与时间没有设置准确，使用组件过程中受到外部不稳定因素（组件使用温度环境不符合要求，被异物撞击，被火烤）影响，也可以导致这种情况发生。

解决方法：做好 7S 管理，保持周边工作环境的整洁，并勤洗衣裤做好个人卫生；一般情况下加大压力、延长保压时间可以解决鼓包问题。

问题 9：脱层怎么办？

原因分析：

（1）胶黏度不合格（如层压机温度低，层压时间短等）。

（2）EVA、玻璃、背板等原材料表面有异物。

（3）EVA 原材料成分（例如乙烯和醋酸乙烯）不均导致其不能在正常温度下溶解造成脱层。

（4）助焊剂用量过多，在外界长时间遇到高温出现延主栅线脱层现象。

解决方法：

（1）严格控制层压机温度、时间等重要参数，并定期按照要求做胶黏度实验，并将胶黏度控制在 85%±5%内。

（2）加强原材料供应商的改善及原材检验。

（3）加强制程过程中的成品外观检验。

（4）严格控制助焊剂用量，尽量不超过主栅线两侧 0.3mm。

问题 10：背板凹陷怎么办？

原因分析：小面积凹陷是由于四氟布或层压皮有异物导致的；大面积凹陷多是真空阶段故障导致的。

解决方法：需要设备人员维修机器。

问题 11：出现碎片怎么办？

原因分析：

（1）由于在焊接过程中没有焊接平整，在抽真空时堆锡或锡渣将电池片压碎。

（2）本来电池片都已经有暗伤，再加上层压过早，EVA 还具有很好的流动性。

（3）在抬组件的时候，手势不合理，双手已压到电池片。

解决方法：

（1）首先要在焊接区对焊接质量进行把关，并对员工进行一些针对性的培训，使焊接一次成型。

（2）调整层压工艺，增加抽真空时间，并减小层压压力（通过层压时间来调整）。

（3）控制好各个环节，优化层压人员的抬板手势。

问题 12：组件中有毛发及垃圾怎么办？

原因分析：

（1）由于 EVA、TPT 等有静电的存在，把飘着空的头发、灰尘及一些小垃圾吸到表面。

（2）叠层时，身体在组件上方作业，而又不能保证身体没有毛发及垃圾的存在。

（3）一些小飞虫子死命地往组件中钻。

解决方法：

（1）做好 7S 管理，保持周边工作环境的整洁，并勤洗衣裤做好个人卫生。

（2）调整工艺，对叠层工序进行操作优化，将单人拿取材料改为双人。

（3）控制通道，装好灭蚊灯，减少小飞虫的进入。

问题 13：汇流条向内弯曲怎么办？

原因分析：

（1）在层压中，汇流条位置会聚集比较多的气体。胶板往下压，把气体从组件中压出，而那一部分空隙就要由流动性比较好的 EVA 来填补。EVA 的这种流动就可把原本直的汇流条压弯。

（2）EVA 的收缩。

解决方法：

（1）调整层压工艺参数，使抽真空时间加长，并减小层压压力。

（2）选择较好的材料。

问题 14：组件背膜凹凸不平是什么原因？

原因分析：多余的 EVA 会粘到高温布和胶板上。

解决方法：

（1）购买较好的橡胶胶板。

（2）做好每次对高温布的清洗工作，并及时清理胶板上的残留。

问题 15：电池片移位怎么解决？

原因分析：

（1）电池片间无透明胶带固定。

（2）层压过程中组件整体移位。

（3）由于压力影响，EVA 被挤出，导致汇流条间距变大。

（4）EVA 流动性太大。

（5）层压压力值太大。

解决方法：

（1）在电池片之间适当位置使用胶带固定。

（2）使用流动性偏小的 EVA，避免整体移位。

（3）控制层压压力值，不得太大。

5

修边、装边框、安装接线盒和清洗工艺

【项目导读】

层压操作结束后就需要对组件进行修边、装框以及安装接线盒和清洗了，这几道工序也是组件生产的重要工序，至此绝大部分操作均已完成。

任务 5.1　认识铝合金边框和装边框设备

【任务目标】

了解铝合金边框的作用；了解铝合金边框的成分构成、表面氧化处理方法；了解铝合金边框的常用规格；了解铝合金边框的储存方法；掌握装边框设备的使用方法。

【任务描述】

层压后的光伏组件需要在其四周装上铝合金边框以保护面板玻璃，这类似于给玻璃装一个镜框，可以显著增加组件的强度，进一步密封电池组件，延长电池的使用寿命。本任务主要是让学生了解铝合金边框的基本知识，掌握装边框设备的使用方法。

【相关知识】

5.1.1　认识铝合金边框

太阳能光伏组件的边框材料主要采用铝合金，也有用不锈钢和增强塑料的。电池组件安装边框主要作用：一是为了保护层压后的光伏组件玻璃边缘；二是结合硅胶打边，加强了光伏组件的密封性能；三是大大提高了光伏组件整体的机械强度；四是方便了光伏组件的运输、安装。太阳能光伏组件边框的铝合金材料表面通常都要进行表面氧化处理，氧化处理分为阳极氧化、喷砂氧化和电泳氧化，可改变了铝合金型材的表面状态和性能，如改变表面着色，提高耐腐蚀性，增强耐磨性及硬度，保护金属表面，增强铝合金型材的润滑性、耐热性和表面美观性。

铝合金边框是光伏组件最常使用的边框，由铝棒熔铸拉伸而成。根据日常使用的铝型材中各种金属成分含量及比例的不同，铝型材可以分为1024、2011、6063、6061、6082、7075等合金牌号，其中6系列最为常见，如常用的6063-T5铝合金材料，其化学成分如表5-1-1所示。

表5-1-1　牌号为6063-T5的铝合金材料的化学成分

成分	硅 Si	铁 Fe	铜 Cu	锰 Mn	镁 Mg	铬 Cr	锌 Zn	钛 Ti	钙 Ga	钒 Va	铝 A1
含量	0.2%～0.6%	0.35%	0.1%	0.1%	0.45%～0.9%	0.1%	0.1%	0.1%	0.05%	0.15%	剩余

可参考GB/T 5237.1～5237.5—2000《铝合金建筑型材》以及GB/T 3190—1996《变形铝及铝合金化学成分》、GB/T 9535—1998《地面用晶体硅光伏组件设计鉴定和定型》等标准，确定组件外边框型材的选定以及来料的检验。

1. 铝合金边框在光伏组件中的主要作用

（1）保护玻璃的脆弱边角。

（2）加强组件的密封性能。

（3）增强组件整体的机械强度。

（4）便于组件的安装、运输。

2. 太阳能铝合金缺陷定义

（1）褶皱：铝边框贴膜有0.5mm以上的局部凸起。

（2）划伤（划痕）：产品表面与尖锐物产生的划痕。

（3）擦伤：产品表面与擦伤物产生的面与面间的摩擦痕，特征为多条的小划痕或实体面积性的擦伤。

（4）碰伤：产品表面与碰撞物棱角的碰撞，特征为点状的凹坑，凹坑周边会存在高起的毛边或毛刺。

（5）机械痕（模痕、挤压痕）：型材挤出痕，特征为与型材的长度方向平行的线状痕，在表面处理内层，只能通过酸处理清除。

（6）色差：型材进行表面处理时个体材料的着色深浅不一。

（7）麻面：是指制品表面呈细小的凸凹不平的连续的片状、点状的擦伤、麻点、金属豆。

（8）气泡：局部表皮金属与基层金属呈连续或非连续分离，表现为圆形单个或条状空腔凸起的缺陷。

3. 铝合金边框外观区分如表 5-1-2 所示

表 5-1-2 外观区分

A 面	组件的上表面（组件组装后与电池片平行的上表面）	A 面 B 面 C 面 C 面
B 面	组件的外侧面（组件组装后与电池片垂直的外侧面）	
C 面	组件的底面（组件组装后与电池片平行的下表面）及内侧面	

4. 检验标准

外购铝边框的来料检验标准如表 5-1-3 所示。

表 5-1-3 外购铝边框的来料检验标准

序号	项目	等级	要求	参考标准	测量仪器	检验频次
1	包装	B	外包装完好无损，每批边框堆砌高度控制在 1.3 米以下	—	目测	1 次/批
2	装饰面	A	1）垂直方向正视装饰面，无清晰脏污、水印、油印等缺陷 2）装饰面上无划伤，即深度＞0.03mm、长度＞3mm 的划痕	—	目测	1 次/批
3	加工面	A	无高出表面的毛刺，无明显的加工损伤	—	目测	1 次/批
4	贴膜	B	揭开后无残胶留下，揭开力≥0.05N/mm	—	拉力计	1 次/批
5	弯曲度	B	1）单边弯曲≤1.5mm 2）拼装后，边偏差≤2mm，对角线偏差≤3mm	—	直钢尺	1 次/批
6	锁紧孔	A	试装后静吊 20kg 重物，边框不脱出	—	目测	1 套/批
7	尺寸	A	型材尺寸和机加工尺寸符合相应设计文件的要求	—	相关设备	1 次/批
8	氧化膜	A	表面氧化膜厚度≥10μm	GB/T5237.1	涡流测厚仪	1 次/批
9	硬度	A	铝材硬度≥8HW	GB/T5237.1	韦氏硬度计	1 次/批
10	成分	A	验证铝型材的牌号、状态及材质，供应商提供省（市）质量监督机构的检验报告	GB/T5237.1	目测	1 次/年
11	力学	A	通过机械载荷测试	IEC61215	相关设备	1 次/6 月

5. 铝合金边框的表面氧化处理过程

挤压好的铝合金型材，其表面耐蚀性不强，须通过氧化进行表面处理以增加其抗蚀性、耐磨性及外表的美观度。表面氧化处理的主要过程包括以下几个方面：

（1）表面预处理：用化学或物理的方法对型材表面进行清洗，使其裸露出纯净的基体，以利于获得完整、致密的人工氧化膜。此外，也可以通过机械的方法获得镜面或无光（亚光）表面。

（2）氧化：在一定的工艺条件下，使预处理的型材表面发生氧化，生成一层致密、多孔、附着力强的 $A1_2O_3$ 膜层。

（3）封孔：将氧化后生成的多孔氧化膜的空隙封闭，使氧化膜防污染性、抗腐蚀性和耐磨性能增强。氧化膜是无色透明的，利用封孔前氧化膜的强吸附性，在膜孔内吸附沉积一些金属盐，可使铝合金型材表面显示本色（银白色）以外的颜色，如黑色、黄色等。

6. 铝合金边框的表面氧化种类

（1）阳极氧化（电化学氧化）。

阳极氧化是指将铝合金的型材作为阳极置于相应电解液中，在特定条件和外加电流的作用下进行电解。所用设备如图 5-1-1 所示。阳极的铝合金被氧化后，表面上可形成氧化铝薄膜层。

图 5-1-1　铝合金阳极氧化

（2）喷砂氧化。

喷砂氧化是指铝合金型材经喷砂处理后，其表面的氧化物全部得到处理，且经过喷砂撞击后，其表面层金属被压迫形成致密排列形式，而且金属晶体变化小，可在铝合金表面形成牢固致密、硬度较高的氧化层。铝合金喷砂氧化设备如图 5-1-2 所示。

（3）电泳氧化。

电泳氧化是指利用电解原理在铝合金表面镀上一薄层其他金属或合金的过程，电镀时，镀层金属作为阳极，阳极被氧化后形成阳离子进入电镀液中；待镀铝合金制品作为阴极，镀层金属的阳离子在铝合金表面被还原成金属镀层，铝合金电泳氧化设备如图 5-1-3 所示。

图 5-1-2 铝合金喷砂氧化设备

图 5-1-3 铝合金电泳氧化设备

【任务实施】

5.1.2 铝合金边框的检验

以下为铝合金边框的检验项目。

1. 包装及标识

要求包装贴膜良好无破损，标识与实物相符，具有铝合金型材提供商的符合技术规格书的合格证明或测试报告。铝合金边框的包装检验如图 5-1-4 所示。

图 5-1-4 铝合金边框的包装检验

2. 材料和结构

光伏用铝合金基材一般要求是 6063-T5 或 6063A-T5G 型材，表 5-1-4 给出了 6063-T5、6063A-T5G 型材的一般室温力学性能。

表 5-1-4　6063-T5、6063A-T5G 型材的一般室温力学性能

合金	合金状态	壁厚/mm	拉伸试验			硬度试验		
			抗拉强度 R_m/MPa	规定非比例伸长应力 $R_{p0.2}$/MPa	伸长率/%	试样厚度/mm	维氏硬度 HV	韦氏硬度 HW
			不小于					
6063	T5	所有	160	110	8	0.8	58	8
6063A	T5	≤10	200	160	5	0.8	65	10

铝合金边框的类别按型材宽度分为 35mm、40mm、45mm 等三类，按安装方法可分为卡簧式和螺钉式。检验时应严格检验来料边框的结构是否与技术图纸相符。卡簧式边框要求长短边框固定卡簧的 4 个固定点深度一致，位置符合图纸要求。螺钉式边框的长短边框螺孔应按图纸要求严格搭配，螺钉要求为 M3.9 的低碳不锈钢螺钉。

3. 外观

铝合金边框的外观检验应在较好的自然光或散射光照条件下进行，检验方法为直接目视观察和手感触摸。外观应符合以下要求：型材表面整洁，不允许有裂纹、起皮、腐蚀等缺陷存在；边框切口光滑平整，无毛刺、飞边等缺陷；光亮氧化效果不得有缺陷；型材的颜色在规定的上下限之间；检验时利用标准样品严格比对；铝合金边框的装饰面和和非装饰面划痕允许范围如表 5-1-5。

表 5-1-5　划痕允许范围

		深度/长度	0≤L≤5mm	5≤L≤10mm	10≤L≤20mm	20≤L≤40mm
划痕	装饰面	≤0.2mm	4 个/根	2 个/根	1 个/根	不允许存在
		>0.2mm		不允许存在		
	非装饰面	≤0.2mm	4 个/根	3 个/根	2 个/根	1 个/根
		0.2≤D≤0.5mm	3 个/根	2 个/根	1 个/根	不允许存在

4. 表面硬度测试

（1）测试方法：用维氏硬度计。

（2）要求：表面硬度不小于 1kgf/mm^2 。

5. 氧化膜厚度测试

（1）测试方法：用膜厚测试仪，如图 5-1-5 所示。

（2）要求：膜厚为 15～25 pm。

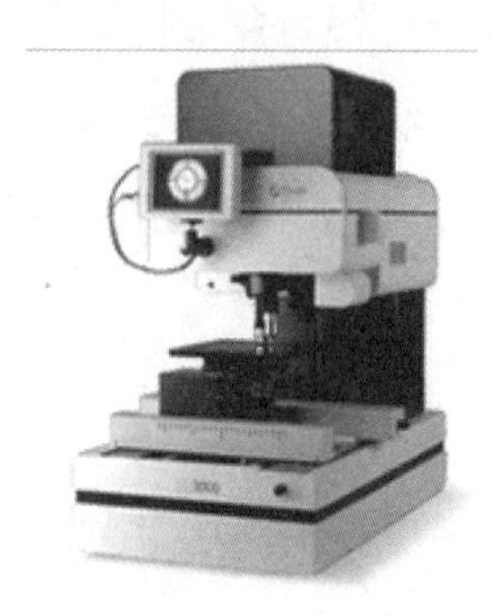

图 5-1-5　膜厚测试仪

6. 弯曲度测试

（1）测试方法：①将待测铝合金样品放在一个干净的

水平工作台面上。②用塞尺从各个方向测量铝合金样品与工作台面缝隙的大小。

（2）要求：缝隙不大于 1mm（针对切割后的型材）。

7. 直角度测试

（1）测试方法：用量角器，如图 5-1-6 所示。

（2）要求：角度不大于 5′或 24′。

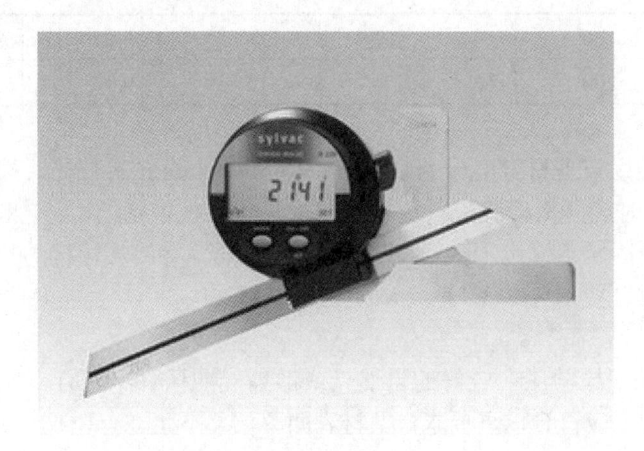

图 5-1-6　量角器

8. 盐雾腐蚀试验

（1）测试方法：①将待测铝合金小样品直接放置在盐雾试验箱内并开启试验箱。②连续测试 1000h 后取出待测样品。

（2）要求：待测样品表面无腐蚀或色斑现象，氧化膜完好。

9. 湿热老化试验

（1）测试方法：①将待测铝合金小样品直接放入湿热老化箱内。②在 85℃、85%RH 的条件下持续 1000h 后取出，用肉眼观察样品状况。

（2）要求：待测样品无变形、无开裂现象，氧化膜完好。

5.1.3　铝合金边框的储存

（1）恒温（20℃～30℃），恒湿（小于 60%）。

（2）避免阳光直射或风吹。

（3）保存时间不超过 1 年。

5.1.4　认识装边框设备

这里结合德州职业技术学院光伏实训室的情况，介绍一下瑞特光伏组框机，如图 5-1-7 所示。

图 5-1-7 瑞特光伏组框机

设备的技术参数：

电源电压：380V，三相五线制。功率：1.8kW。

0.7～0.8MPa。流量：5 升/分钟。

所有配件（包括管路接头等）所能承受的最大压力：最大气压为 1.0MPa，最大液压为 10MPa。

最小组框外形尺寸：750×450×50（35）mm。

最大组框外形尺寸：2400×1300×50（35）mm。

整套设备的外形尺寸约：3000×1500×800mm。

【任务训练】

铝合金边框的参数检验。

任务 5.2 修边和装边框工艺

【任务目标】

掌握层压后光伏组件的修边工艺和装边框工艺。

【任务描述】

修边工艺是将层压时 EVA 熔化后由于压力而向外延伸固化形成的毛边切除的过程，而装边框工序则是给层压好的组件装上铝合金边框，以增加组件的机械强度，进一步密封光伏组件，从而延长太阳能电池的使用寿命。本任务主要是让学生掌握修边工艺和装边框工艺。

【任务实施】

5.2.1 修边工艺基础

层压时 EVA 熔化后由于压力而向外延伸固化形成毛边，所以层压完毕应将其切除，这个工艺称为光伏组件的修边。

将层压出的电池板进行自然冷却到室温，经质检人员检验合格后，进行修边。修边时操作人员必须带防护手套，组件放修边台上，电池面朝下背板朝上，左手压住组件，右手拿美工刀，先将要修的边割一个小口，然后从这小口处沿玻璃边缘将刀口稍微下压进行切割。依次再切割其余三边，注意不要划伤背板。修边后的组件很容易划伤别的组件的背板，或碰伤组件，在移动组件时一定要注意保护组件的四个角。

修边操作应在层压后且光伏组件的温度降低后进行，否则容易使 TPT 背板脱落。在进行修边操作之前，应将修边台和刀片擦拭干净，要及时更换钝的刀片。修边时，将层压好的电池板背面向上平放在切边台上，并使电池板边缘超出切边台 50～60mm，操作员戴好手套，左手按住电池板背面，并与电池板边缘保持 70～90mm 的距离，右手拿刀具，刀口要高于电池板并与电池板边缘成 45°角。刀片要与玻璃表面垂直，以防止划伤组件背板。从玻璃边缘的多余 EVA 和背板上先划开一道切口，然后沿玻璃边匀速向前推动，削掉玻璃边缘的 EVA 和背板。图 5-2-1 所示为修边工具。

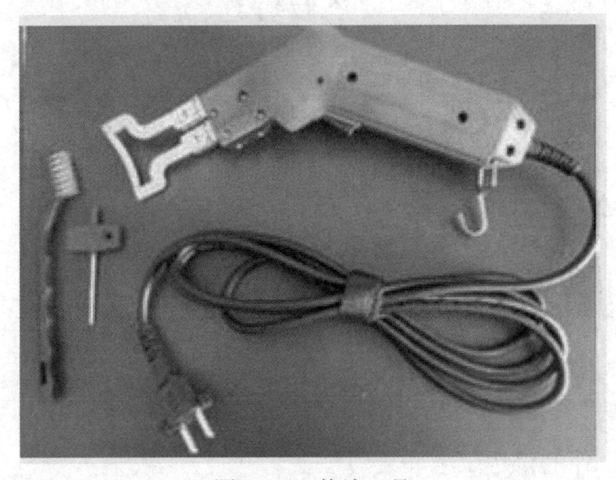

图 5-2-1　修边工具

5.2.2　装边框工艺基础知识及操作步骤

1. 装边框工艺基础

组件装框就类似于给玻璃装一个镜框。给玻璃组件装铝框，可增加组件的强度，进一步密封电池组件，延长电池的使用寿命。边框和玻璃组件的缝隙可用硅胶填充。各边框间用角键连接。

装边框是将层压好的光伏组件装上铝合金边框以增强组件的机械强度、密封性和可安装性，以便组件的安装和使用，如图 5-2-2 所示。

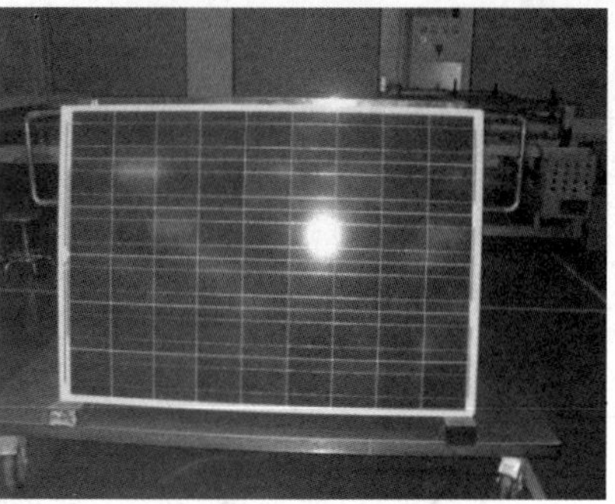

图 5-2-2　装框完毕的光伏组件

密封用硅胶（如图 5-2-3 所示）：

硅胶又称有机硅树脂，是具有硅氧主链的热固性树脂。其主链的化学结构为－Si－O－Si－，与硅原子相连的烷基、芳基或其他有机基团为侧基。硅胶兼具机材料与无机材料的双重特性，如耐高低温（可在 200℃下长期工作，亦可在 250℃～300℃下短期工作），氧化稳定性好，耐候，耐老化，耐臭氧，憎水防潮，具有生理惰性，耐电弧电晕，电绝缘强度高。硅胶主要用于电子元器件包封，包括有机硅涂料和有机硅胶黏剂等。

图 5-2-3　硅胶

2. 装边框的工艺要求

（1）铝合金边框及接线盒底部与组件的交接处的硅胶应均匀溢出，无可视缝隙。

（2）涂槽内的打胶量要占涂槽总容积的 50%，最多不超过涂槽的 2/3。

（3）一次打胶的边框最多不超过 20 套，要及时进行组框，防止放置时间过长，硅胶表面固化，影响密封质量。

（4）装边框后，组件两个对角线的长度相差应小于 4mm，边框四角缝隙应不大于 0.3mm，正面相邻边框角的高低应不大于 0.5mm。

（5）边框安装应平整、挺直，无划伤。装边框的过程中不得损坏铝边框的表面钝化膜。

（6）铝边框与硅胶结合处必须用硅胶填注密封，无可视缝隙。

3. 装边框的操作步骤

（1）对铝合金边框进行首批检验，将不合格的铝合金边框统一整齐放置在铝合金存放架的最下层，并标明不合格原因，如图 5-2-4 所示。

（2）检查凹槽内有无异物，在合格、洁净的铝合金凹槽内用气压枪均匀地打上适量的硅胶，如图 5-2-5 所示。

图 5-2-4　对铝合金边框进行首批检验

图 5-2-5　在凹槽内打上适量的硅胶

（3）装框前对组件进行外观检查，如有修边不彻底，用刀修掉，把合格的组件背板向上轻轻地放在装框机上，如图 5-2-6 所示。

图 5-2-6　外观检查

（4）去掉固定汇流带的胶带，并向前撸直，先装长边，把一打好胶的长边凹槽对着组件约倾斜 30°角，紧靠装框机的侧面，用另一长边凹槽对准组件轻推，使组件装入凹槽内，再压短边，将短边角件插入长边，注意角件必须到位，后方可操作换向阀按钮压短边，压到位 2～3 秒后松开按钮，如图 5-2-7 所示。取下组件，检查是否到位。

图 5-2-7　安装边框长短边

（5）两人将装框好的组件抬至补胶工作台，不得倾斜且注意方向要正确，如图 5-2-8 所示。

图 5-2-8　移动组件

（6）观察背板和铝合金交接处，在交接处补上适量硅胶，补胶均匀平滑，无漏补，补胶时在背板和铝合金交接处气压枪筒与背板约成 45°角，与交接线成 45°角，斜口（见图 5-2-9）向喷嘴运动方向，注意保持背板的清洁。

（7）检查接线盒是否有缺陷，正负极是否与组件匹配，二极管极性正确与否，是否松动；在引出线的根部和接线盒的背面轮廓上均匀地打上适量的硅胶，把接线盒粘连在组件背板规定的居中位置，并把汇流带插进接线盒；汇流带引入接线盒要平直整齐、无松动，见图 5-2-10。

图 5-2-9　在交接缝补胶

图 5-2-10　检查接线盒和汇流带

（8）在木托盘上垫上瓦楞纸，把组件存放到木托盘上，每个木托盘存放 20 块组件，并在最上边的一块组件短边框上标明装框时间，用液压车推至规定位置，将组件摆放整齐，见图 5-2-11。

图 5-2-11　组件摆放

【任务训练】

对层压后的光伏组件进行修边和装边框操作。

任务 5.3 认识接线盒和安装接线盒

【任务目标】

了解光伏组件接线盒的结构、材料、选用原则，了解接线盒中常用二极管的性能参数及作用，了解接线盒的检验项目和检验方法。

【任务描述】

光伏组件接线盒是光伏组件的重要部件。装接线盒工序就是将光伏组件引出的汇流条的正负极引线用焊锡与接线盒中相应的引线柱焊接或插接起来。本任务主要是让学生掌握接线盒的检验方法、安装方法以及接线盒的选用方法。

【相关知识】

5.3.1 认识接线盒

接线盒是集电气设计、机械设计与材料科学的跨领域的综合性设计成果。接线盒充当“保镖”时，它利用二极管自身的性能使得太阳能电池组件在遮光、电流失配等其他不利因素发生时还能保持其能工作，适当降低损失。接线盒的作用：①增强组件的安全性；②密封组件电流输出部分（引线部分）；③使组件使用更便捷、可靠。

一般接线盒由盒盖、盒体、接线端子、二极管、连接线、连接器几大部分组成。外壳要具有强烈的抗老化、耐紫外线能力，要符合室外恶劣环境条件下的使用要求。自锁功能使连接方式更加便捷、牢固。接线盒必须有防水密封设计、科学的防触电绝缘保护，须具有更好的安全性能；接线端子安装要牢固，与汇流带有良好的焊接性。

目前市场上主流接线盒品种较多，样式各异，按照其与汇流条的连接方式，接线盒可分为卡接式与焊接式，二者除了与汇流条的连接方式不同外，其结构基本是一致的。

常规型的接线盒基本由以下几部分构成：底座、导电块、二极管、卡接口/焊接点、密封圈、盒盖、后罩及配件、连接器、电缆线等，如图 5-3-1 所示。

1. 接线盒的构成及分类

（1）光伏接线盒通常由盒体、线缆及连接器三部分构成，其中盒体包括盒底（含铜接线柱或塑料接线柱）、盒盖、二极管；线缆分为 1.5mm² 、2.5mm² 、4mm² 及 6mm² 等四种；连接器分为 MC3 与 MC4 两种；二极管的型号有 10A10、10SQ050、12SQ045、PV1545、 PV1645、

SR20200 等；二极管封装形式有 R-6、MBRB10100CT：TO-263 两种。

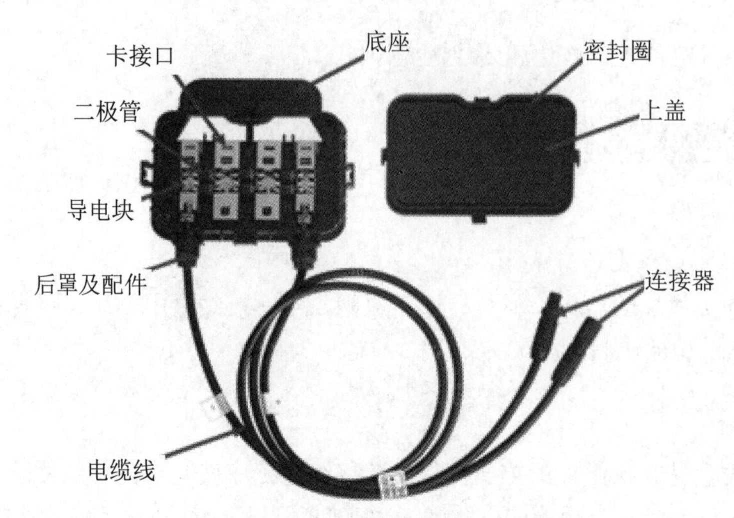

图 5-3-1　常见的光伏组件用接线盒

（2）太阳能光伏接线盒分为以下几类。

1）传统型光伏接线盒。

产品特征：外壳有强大的抗老化、耐紫外线能力，可在室外恶劣的环境下适用，PV-JB003-6 接线盒专门为太阳能组件设计，内部接线座为线路板与塑料构成，电缆采用焊接式，装配不同的二极管可以改变接线盒的功率，如图 5-3-2 所示。

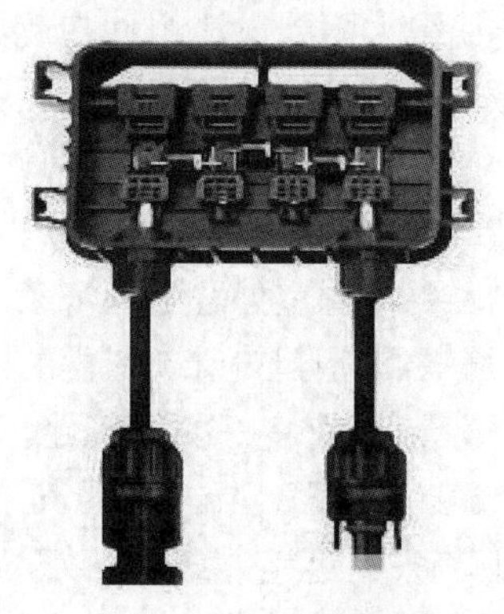

图 5-3-2　传统型光伏接线盒

2）封胶密封小巧型光伏接线盒。

产品特点：具备卓越的耐高低温、防火、抗老化和耐紫外线性能，能满足室外恶劣环境条件下长期使用要求；具有优异的防水和防尘效果，采用灌胶方式密封；小外形，超薄设计，结构简洁实用，同时适用于 90W 的晶硅光伏组件或者薄膜光伏组件；汇流条和线缆的连接分别采用焊接和压接方式，电气性能安全可靠，如图 5-3-3 所示。

图 5-3-3　封胶密封小巧型光伏接线盒

3）玻璃幕墙专用型光伏接线盒。

产品特点：具备卓越的耐高低温、防火、抗老化和耐紫外线性能，能满足室外恶劣环境条件下长期使用要求；具有优异的防水和防尘效果，采用灌胶方式密封；袖珍型超小外形，结构简洁实用，适用于薄膜光伏组件，广泛使用于太阳能光电建筑一体化领域；汇流条和线缆的连接分别采用焊接和压接方式，电气性能安全可靠，如图 5-3-4 所示。

图 5-3-4　玻璃幕墙专用型光伏接线盒

2. 接线盒的作用

对于接线盒在太阳能电池组件中的作用，简单地来讲，可以概括为两点：一是连接和传输功能，二是保护组件。它是集电气设计、机械设计和材料科学的跨领域的综合性设计成果。

太阳能电池组件是通过太阳能电池进行光电转换的，而单个组件发出的电想传输到充电、控制系统中去，必须要通过接线盒进行传输；而且接线盒还是整个太阳能方阵的“纽带”，它将许多组件串联在一起形成一个发电的整体，所以接线盒在太阳能应用中的作用是不容忽视的。

接线盒还有一个更重要的作用就是保护组件。当阵列中的组件受到乌云、树枝、鸟粪等其他遮挡物影响而发生热斑时，旁路在组件中的二极管，利用自身的单向导电性能，将问题电池、电池串旁路掉，保护整个组件乃至整个阵列，确保能使其保持在必要的工作状态，减少不必要的损失。

最理想的组件应是每片电池都应旁路一个二极管，这样才能保证组件的绝对安全，但是出于成本以及工艺角度，目前为止，大家采用是一串电池旁路一个二极管，这是一种简单有效的办法。

3. 接线盒的材料选用

接线盒应由 ABS 或 PPO 工程塑料注塑制成，并加有防老化和抗紫外辐射剂，其能确保组件在室外使用 25 年以上不出现老化破裂现象。接线柱应由外镀镍层的高导电解铜制成，其能确保电气导通及电气连接的可靠。接线盒应用硅橡胶黏接在 TPT 表面，并用螺丝固定在铝边框上。接线盒所用材料如表 5-3-1 所示。

表 5-3-1　接线盒用材料

接线盒原材料名称	材质
底座及上盖	PPO
导电块	铜、黄铜
卡接口	尼龙、铜
二极管	肖特基二极管
电缆线	镀锡铜线+低烟无卤交联聚烯烃
连接器	尼龙、PC
后罩及配件	尼龙

4. 接线盒的 IP 等级

组件用接线盒 IP 等级最低要求为 IP65。IP 表示进入防护（Ingress Protection）等级，第一标记数字“IP6_”表示防尘保护等级（“6”表示无灰尘进入），第二标记数字“IP_5”表示防水保护等级（“5”表示防护水的喷射）。

5. 接线盒的外接导线

接线盒的外接电缆用标准绝缘铜导线，以满足载流量、电压损耗和导线强度的要求。接线盒目前采用的电缆规格有 $2.5mm^2$、$4mm^2$、$6mm^2$ 三种，但是从目前的组件设计上看，组件最大的短路电流没有超过 10A 的。光伏电缆的要求很高，导体的铜含量很高，即使 $2.5mm^2$ 的电缆载流量也不会低于 15A，$4mm^2$ 的电缆应该不会低于 25A，而且如果这么大的电流通过的话，应该可以保证电缆不会发热。再就是，电池组件采用的是串联方式连接，汇流带承载的电流应该和电缆上的电流是一样的，汇流带按照目前最大的组件设计的截面计算，横截面积为 $7.5*0.2=1.5mm^2$，电缆的截面积远远大于汇流带的截面积，目前晶体硅组件的接线盒完全可以采用 $2.5mm^2$ 的电缆，一方面可以降低成本，另一方面可以节约自然资源的消耗。

从电流方面说，一般的组件用 $2.5mm^2$ 电缆是够了，这节省了很多成本及资源。但现在一般晶体硅组件用的都是 $4.0mm^2$ 的电缆，功率再大点的，可能要用到 $6.0mm^2$ 的。$2.5mm^2$ 电缆只有薄膜组件用得比较多。这个可能考虑到电池板使用寿命长、系统稳定性要求高、使用环境恶劣等原因，所以采用规格更大的电缆。另外，行业里也约定俗成，这渐渐地也成了一种标准。

6. 光伏接线盒的技术指标

主要技术规格：最大工作电流、最大耐压、使用温度、最大工作湿度、（无凝结）防水等级、连接线规格、标称功率等。

以 160～185W 组件接线盒为例，其技术指标为：

额定电流：16A。

额定电压：DC 1000V。

使用温度：-40℃～+85℃。

安全等级：calss II。

防水等级：IP65。

连接线规格：$4mm^2$。

电缆尺寸：90mm 长。

原材料：美国 GE 或其他的 PPO 材料，具有抗紫外线的能力。

7. 接线盒中常用二极管的基本知识

在太阳能电池方阵中，二极管是很重要的元器件，常用的二极管有防反充（阻塞）二极管和旁路二极管。

在储能蓄电池或逆变器与太阳能电池方阵之间，要串联一个阻塞二极管，以防止夜间或阴雨天太阳能电池方阵工作电压低于其供电的直流母线电压时，蓄电池反过来向太阳电池方阵倒送电，既而消耗能量和导致方阵发热。阻塞二极管串联在太阳能电池方阵的电路中，起单向导通的作用。

在有较多太阳电池组件串联或太阳电池方阵时，需要在每个太阳能电池组件两端并联一个二极管，当其中某个组件被阴影遮挡或出现故障而停止发电时，在二极管两端可以形成正向偏压，实现电流的旁路，不至于影响其他正常组件的发电，同时也可避免太阳能电池组件受到较高的正向偏压或由于“热斑效应”发热而损坏。这类并联在组件两端的二极管称为旁路二极管。光伏方阵中通常使用的是硅整流型二极管，在选用型号时应注意其容量应留有一定余量，以防止击穿损坏。通常其耐压容量应能达到最大反向工作电压的两倍，电流容量也要达到预期最大运行电流的两倍。

由于阻塞二极管存在导通管压降，串联在电路中运行时要消耗一定的功率。一般使用的硅整流二极管管压降为 0.6～0.8V，大容量硅整流二极管的管压降可达 1～2V，若用肖特基二极管，管压降可降低为 0.2～0.3V，但肖特基二极管的耐压和电流容量相对较小，选用时要加以注意。

有些控制器具有防反接功能，这时也可以不接阻塞二极管，如果所有的组件都是并联的，就可不连接旁路二极管，实际应用时，由于设置旁路二极管要增加成本和损耗，对于组件串联数目不多并且现场工作条件比较好的场合，也可不用旁路二极管。

二极管的参数可用来表示二极管的性能好坏和适用范围的技术指标。不同类型的二极管有不同的特性参数。必须了解以下几个主要参数：

额定正向工作电流：指二极管长期连续工作时允许通过的最大正向电流值。因为电流通过管子时会使管芯发热，温度上升，温度超过容许限度（硅管为 140℃左右，锗管为 90℃左右）时，管芯就会过热而损坏。所以，在二极管使用中不要超过二极管额定正向工作电流值。例如，常用的IN4001－4007型锗二极管的额定正向工作电流为1A。

最高反向工作电压：加在二极管两端的反向电压高到一定值时，会将管子击穿，使其失去单向导电能力，为了保证二极管使用安全，规定了最高反向工作电压值。例如，IN4001二极管反向耐压为50V，IN4007反向耐压为1000V。

反向电流：指在规定的温度和最高反向电压作用下，流过二极管的反向电流。反向电流越小，管子的单方向导电性能越好。值得注意的是反向电流与温度有着密切的关系，温度大约每升高10℃，反向电流增大一倍。例如2AP1型锗二极管，在25℃时反向电流若为250μA，温度升高到35℃时，反向电流将上升到500μA，依此类推，在75℃时，它的反向电流已达8mA，此时不仅会使二极管失去了单方向导电特性，还会使管子过热而损坏。又如，2CP10型硅二极管，25℃时反向电流仅为5μA，温度升高到75℃时，反向电流也不过为160μA。故硅二极管比锗二极管在高温下具有更好的稳定性。

8. 光伏组件接线盒的要求

（1）外壳采用高级进口原料，具有极高的抗老化性、耐紫外线能力。

（2）适用于室外的恶劣环境条件，使用实效在25年以上。

（3）根据需要可以任意内置2～6个接线端子。

（4）所有的连接方式采用快接插入式连接。

9. 接线盒的选用

选择光伏接线盒的主要参考依据是组件电流的大小，包括光伏组件工作的最大电流和短路电流，当然短路时组件能够输出最大的电流，按照短路电流核算的接线盒的额定电流应该是安全系数比较大的，按照最大工作电流核算的话，安全系数就小一点。

最科学的应该根是据电池片的电流电压随光照强度的变化规律选择接线盒，必须了解此时所生产的组件用在哪个地区，在这个区域内的光照最强的时候是多大，然后对照电池片的电流随光照强度的变化曲线，查出可能的最大电流，然后选择接线盒的额定电流，这样比较科学。最重要的一点是查明短路电流的大小。对于这个测试，选择二极管要看以下几个量：电流（大的好）、最大结温（大的好）、热阻（小的好）、压降（小的好）、反向击穿电压（一般40V就远远够了）。

（1）接线盒的接触电阻。

光伏组件的引线和接线盒的连接以及旁路二极管与接线盒的连接最好采用焊接方式，而不采用压接方式。

（2）接线盒旁路二极管的导通压降。

旁路二极管工作时产生的功耗与导通压降成正比。

（3）接线盒旁路二极管的结点温度。

结点温度越高，二极管的工作温度就越高，其安全性和可靠性越高。

【任务实施】

5.3.2　接线盒的检验

接线盒是光伏组件与负载之间的电气连接，接线盒的自身质量和安装质量对光伏组件的使用寿命有直接的影响。接线盒的质量检验项目如表 5-3-2 所示。

表 5-3-2　接线盒的质量检验项目

检验项目	检验内容	检测方法（使用工具）
包装	包装是否完好；确认厂家、规格、型号以及保质期	目测
外观	检查接线盒外观有无缺陷，标识（应是不可擦拭的）是否符合要求，二极管数量是否正确，接线盒内部有无缺陷	目测
抗拉力	将连接器接到接线盒上，然后夹住接线盒，用拉力器测试，拉力大于 10N 为合格	拉力计
引线卡口交合力	将汇流带装进卡口，用拉力计夹住卡口，施加拉力大于 40N 为合格	拉力计
二极管压降	用万用表测量导通电压	万用表及恒流源、 热电偶
接触电阻	用直流电阻测试仪测试接触电阻	直流电阻测试仪
湿绝缘强度测试	将接线盒浸入水中，用 500V 兆欧表测量引出线和介质水间的电阻值	兆欧表/绝缘电阻表
高压测试	将高压测试仪器连接接线盒引出线和铝箔，施加高压进行测试	高压测试仪
黏接牢固度测试	使用指定的黏接胶将待测接线盒样品与试验用模拟组件黏接，在导线的下端挂 10kg 重的重物进行测试	10kg 哑铃
老化测试	盐雾腐蚀、湿热老化等	老化测试设备

1. 二极管压降

（1）测试方法。

①将万用表调至二极管挡。

②将待测接线盒样品的正负极与恒流源的正负极进行串联连接。

③开启恒流源，将电流升至 0.5A。

④将万用表的两个接触头分别放在二极管的两端，测量导通电压。

（2）要求：压降小于 2.4V。

2. 导线拉力测试

（1）测试方法。

①首先将接线盒固定在工作台上。

②将 10kg 的重物悬挂在接线盒的导线上。

③持续 1 min，观察导线情况。

（2）要求：若导线与接线盒之间无任何裂缝或裂口，判定为合格。

3. 湿绝缘测试

（1）测试方法。

①首先将待测样品粘在一块小的层压样品上。

②将接线盒浸入水中，两条引出线高于水面且未沾湿。

③用 500V 兆欧表测量引出线和介质水间的电阻值。

（2）要求：电阻值大于 50MΩ。

4. 高压测试

（1）测试方法，见图 5-3-5。

①首先将待测样品粘在一块小的层压样品上。

②用单面黏接的铝箔包裹在接线盒外部。

③将高压测试仪器的两个接头连接接线盒引出线和铝箔。

④将高压测试仪器的电压升至 6kV。

⑤观察高压测试仪上的电流增长值。

（2）要求：漏电流增长值不大于 50pA。

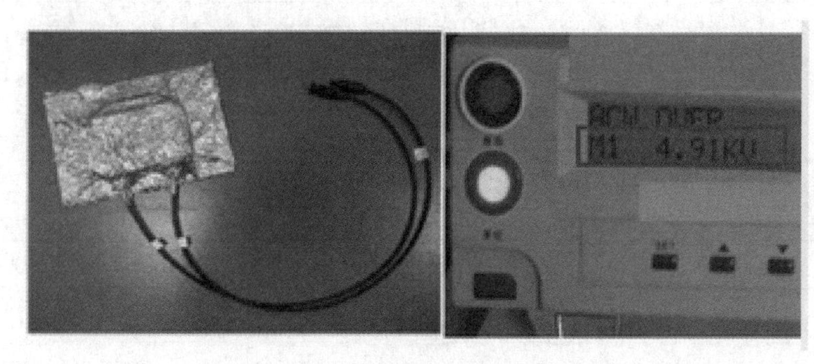

图 5-3-5 接线盒高压测试示意图

5. 黏接牢固度测试

（1）测试方法。

①使用指定的黏接胶将待测接线盒样品与试验用模拟组件黏接（用灌封胶灌封）。

②黏接好后在室温下放置 48h。

③在接线盒下端挂 10kg 重的重物，持续 1min。

（2）要求：以接线盒无脱落或损坏为合格。

6. 盐雾腐蚀试验

（1）测试方法。

① 将待测接线盒样品直接放置在盐雾试验箱内并开启试验箱。

② 连续测试 1000h 后取出待测样品。

（2）要求：待测样品表面无腐蚀或色斑现象，且能正常使用。

7. 湿热老化试验

（1）测试方法。

① 将待测接线盒样品直接放入湿热老化箱内。

② 在 85℃、85%RH 的条件下持续 1000h 后将之取出，用肉眼观察样品状况。

（2）要求：待测样品表面无变形，无黄变、脆裂、龟裂现象，且能正常使用。

5.3.3 工序要求

（1）引出线必须与接线盒的电极极性连接正确，焊点光滑饱满，无虚焊、漏焊现象。

（2）接线盒与 TPT 背板之间的硅胶必须完全密封，无缝隙，溢出的胶条要均匀。

（3）将引线接插到接线插孔内时必须到位，无松动现象。

5.3.4 操作步骤

1. 准备工作

（1）穿好工作衣、工作鞋，戴好工作帽。

（2）清洁、整理工作场地、操作工具、用具。

2. 对上道来料进行检验。检验要求如下：

（1）组件完好、干净。

（2）TPT 完好无损，表面平整。

3. 安装接线盒作业过程

（1）准备好相应规格的接线盒，在接线盒底部四周的安装处涂上硅胶。

（2）将组件正、负极引线穿过接线盒引线孔，将接线盒粘在 TPT 上。

（3）保持接线盒与铝边框的距离一致。

（4）用电烙铁把焊接片进行搪锡，搪锡后焊接片锡面应成弧形状，表面光滑透亮，焊锡高度为 2mm。

（5）将组件正负极引线焊在搪锡过的焊接片上，使之达到焊接要求。

（6）焊接二极管。

①将二极管两端引线头部搪锡。

②将搪好锡的二极管的正极焊在组件引线的负极上。

③将搪好锡的二极管的负极焊在组件引线的正极上。

（7）在组件接线盒底部边缘处均匀地涂上一层硅胶。

（8）室温固化 45min 以上。

（9）盖上盒盖，拧紧盒盖螺丝。

（10）安装新型接线盒时，检查二极管及接插件是否正确、牢固，并使用专用工具将引线接好。

4. 操作结束后进行自检。自检要求如下：

（1）接线盒与 TPT 之间必须用硅胶完全密封，涂胶应均匀、平滑。

（2）组件正负极引线以及二极管应焊接牢固、规范。

（3）依据要求做好相关记录，并使接线盒流到下道工序。

（4）发现有质量问题的批次，应立即通知生产主管。

5.3.5 了解质量检验的注意事项

（1）检查接线盒是否有缺陷，正负极标示是否与组件匹配，二极管极性是否正确。

（2）检查接线盒是否安装到位，是否倾斜或位置不正确。

（3）检查接线盒与 TPT 背板黏接处四周的硅胶是否溢出、饱满。

（4）注意电烙铁不能碰到接线盒的塑料部分。

（5）检查组件时要轻拿轻放。

5.3.6 光伏组件用接线盒的认证测试

1. 光伏接线盒的检验标准

光伏组件接线盒是光伏组件内部输出线路与外部线路（负载）连接的重要部件，是集电气设计、机械设计和材料科学于一体的综合性产品。光伏组件接线盒的质量在很大程度上也决定了光伏组件的质量和使用寿命。接线盒有问题会引起光伏组件故障的出现，因此，优化接线盒的结构设计，提高产品质量是所有接线盒制造企业的首要任务。欧盟电气标准化委员会（CENELEC）发布的光伏接线盒标准 EN 50548 于 2014 年 2 月 14 日开始强制启用，我国于 2016 年 1 月 1 日启用 DB13/T 2253—2015 标准替代 DIN V VDE V 0126-5:2008 标准作为接线盒检验标准。其主要内容包括材料测试（标识耐久性测试、防锈测试、阻燃测试、抗气候性测试、灼热丝试验、球压试验、抗老化性测试等）、结构测试（防电击、连接和端子、电气间隙和爬电距离测试等）、机械测试（连接和端子试验、固线器测试、低温下的机械强度测试、罩盖的固定测试、接线盒与背板的固定测试等）以及序列试验（IP 测试、耐压试验、湿漏电试验、热循环试验、旁路二极管试验）等。接线盒测试常见失败项目包括 IP65 防水测试、结构检查、拉扭力试验、湿漏电试验、二极管升温试验等。接线盒的失效会对光伏组件产生严重的影响。

2. 接线盒在认证测试中的常见失败项目及原因分析

（1）接线盒 IP65 防水测试（见图 5-3-6）。防水性能是接线盒性能的重要指标，防水性能的优劣取决于接线盒的密封保护程度，它直接影响成品组件的防触电保护和漏电防护的等级。在认证测试中，应先进行老化预处理测试，然后进行防水测试，再通过外观结构检查和工频耐压测试进行评判。就目前常规构造的接线盒而言，其设计和材料的缺陷很容易在认证测试中显露出来。

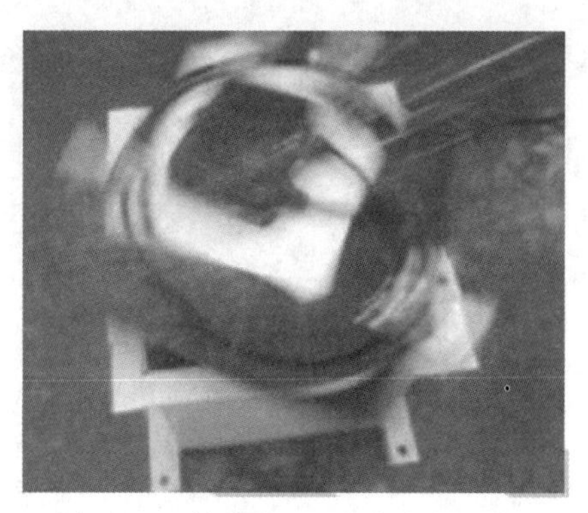

图 5-3-6 接线盒 IP65 防冲水测试

接线盒防水测试失败大致有以下几种情形：

①接线盒密封盒体内大量积水。

②接线盒盒体与背板材料不匹配。

③接线盒的密封螺母开裂失效。

④接线盒在老化预处理测试中盒体变形。

⑤线盒密封圈在老化预处理测试后失效。

接线盒防水测试失败的原因包括以下几个方面：

①盒体的锁扣设计：锁扣被设计成两扣模式可能是导致试验失败的主要原因。两扣模式使得盒盖受力集中在两点，加上盒盖面积较大，导致其余各点受力很不均匀。特别在高温时，其余各点受密封圈热胀、材料受热变软的影响，接线盒龇口，影响盒体的密封性，从而使 IP65 防水测试失败，见图 5-3-7。

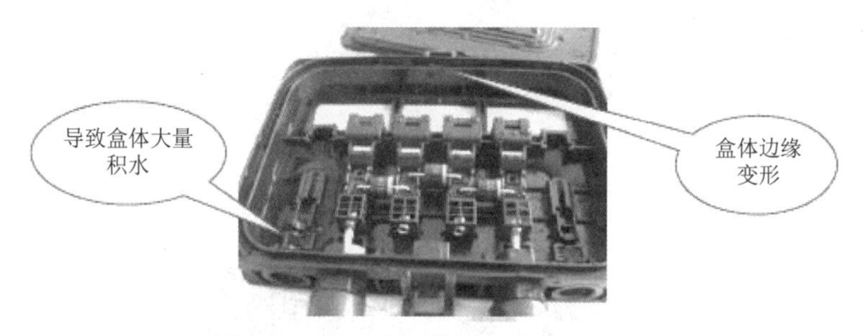

图 5-3-7 防水测试接线盒变形、积水

另外，接线盒经过 240h 老化试验后，密封圈虽未脱落，但盒体、盒盖有变形，这也会影响盒体的密封性，见图 5-3-8。

②接线盒密封圈的橡胶材料选择不当。由于密封圈材料的选择不当，在接线盒经过 240h 老化预处理测试后，其延伸率和收缩率降低，密封圈材质的硬度增大，降低了盒体与盒盖的密封性能，导致密封圈不能完全密封盒体和盒盖的槽口，致使水流渗入，防水测试失败。

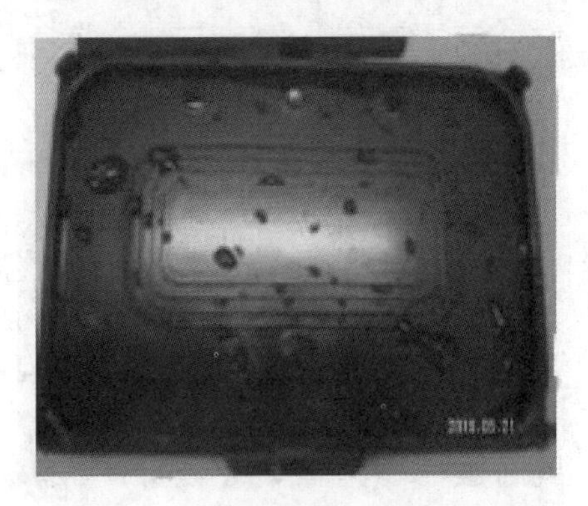

图 5-3-8　老化试验后盒体变形导致积水

③接线盒盒体塑料与太阳能电池组件的密封胶在老化预处理测试后黏接性失效，见图 5-3-9。

图 5-3-9　密封胶老化

④密封螺母材质选择不当。接线盒在老化预处理测试后，密封螺母发生断裂，这也是造成接线盒防水测试失败的原因。

（2）接线盒湿热试验。湿热试验对于接线盒来说是一个相当严酷的环境试验，接线盒湿热试验失败主要有以下几种情形：

①湿热试验后接线盒盒体碎裂失效。

②湿热试验后接线盒盒体和盒盖密封变形，见图 5-3-10。

图 5-3-10　接线盒密封变形

③湿热试验后接线盒与背板脱落，如图 5-3-11 所示。

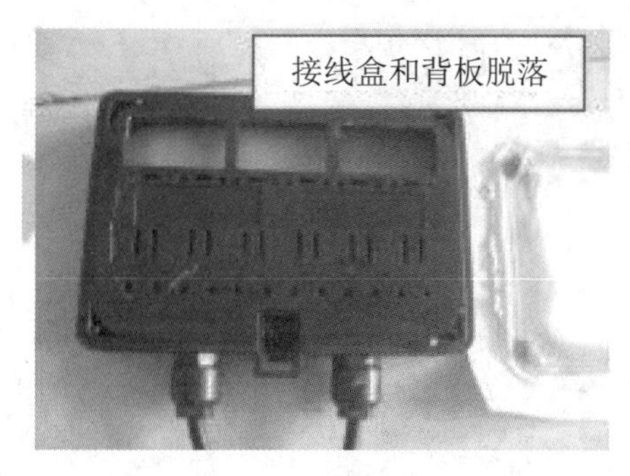

图 5-3-11　接线盒与背板脱落

④湿热试验后电气连接不可靠。

⑤湿热试验后接线盒电缆的抗拉扭性能变差，爬电距离、电气间隙减小。

⑥其他现象。

湿热试验失败可能的原因大致有以下几点：

①盒体 PPO 材料选择不当或用料不纯。

②密封螺母开裂导致在湿热试验之后电缆的抗拉扭性能变弱，或者直接开裂。

③接线盒盒体与硅胶不匹配，长时间高温高湿后接线盒与硅胶脱落，见图 5-3-12。

④其他原因。

图 5-3-12　湿热试验失败，接线盒脱落

（3）接线盒盒体灼热丝测试。

接线盒盒体灼热丝测试是接线盒生产商选用接线盒材质的重要测试项目，也是接线盒认证测试中较易失败的项目之一。测试中，根据盒体材料从开始燃烧到火焰熄灭的时间长短，可判定该接线盒是否适合今后在户外使用。

接线盒盒体灼热丝测试的主要试验过程如图 5-3-13、图 5-3-14 所示。

（a）接线盒支撑带电体部分开始燃烧

（b）接线盒支撑带电体部分继续燃烧

图 5-3-13　接线盒支撑带电体部分燃烧

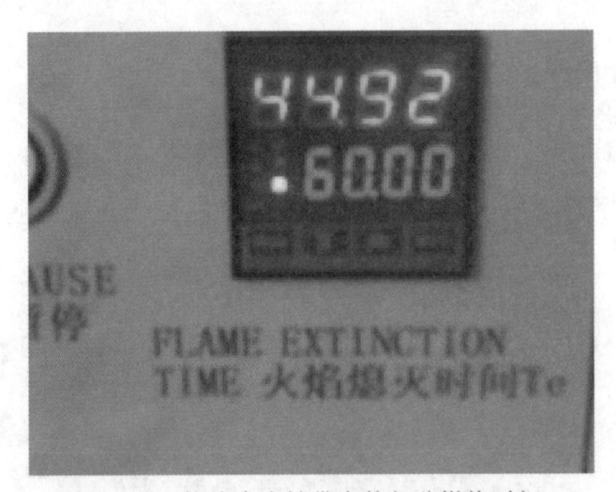

图 5-3-14　接线盒支撑带电体部分燃烧时间

根据图 5-3-13 与图 5-3-14 所示，接线盒支撑带电体部分在进行 750℃灼热丝测试时，火焰熄灭时间为 44.92s，不符合接线盒标准中灼热丝测试的要求。测试失败的主要原因是：接线盒材质无法承受灼热丝元件在短时间内所造成的热应力，不符合灼热丝测试的要求（没有火焰或是火焰可以在 30s 内自动熄灭）。

（4）接线盒常规测试的其他失败项目（部分）。

①工频耐压测试（见图 5-3-15）失败，其失败原因主要为爬电距离/电气间隙不足，环境试验之后绝缘性能受到损害（由于材料方面的原因）。

②接线盒带电部件抗腐蚀强度不足，见图 5-3-16，其原因为金属件铜质选型和表面处理不当。

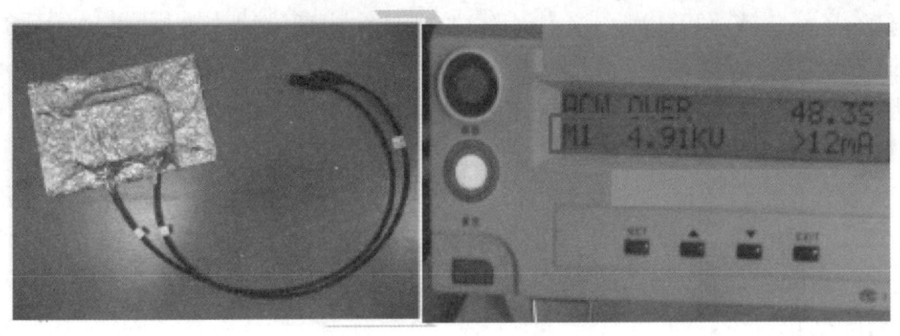

图 5-3-15　工频耐压测试

图 5-3-16　接线盒带电部件抗腐蚀强度不足

【任务训练】

1. 依据 DB13/T 2253－2015《光伏组件用接线盒》检验标准对实训室内的光伏组件接线盒的各个检测项目进行检验。

2. 设计试验验证智能接线盒在提升光伏组件发电功率上的作用。

3. 根据光伏组件的功率、短路电流等参数选取合适的光伏接线盒，并按照工艺要求安装接线盒。

【知识拓展】

接线盒的未来发展方向 —— 智能接线盒

由于接线盒对太阳能电池组件的重要性，以及随着整个光伏市场以及广大客户的应用，目前各大接线盒厂商也在朝着高质量的接线盒方向努力，比如设计出高额定电流、高防水性、优良的散热性、低电阻等的接线盒，这些性能随着技术发展必将会在今后的接线盒产品中出现。

另一方面，传统的太阳能组件性能会随着时间而退化（一般来说组件的性能会以每年 0.5%至 1.0%的速度逐渐退化），导致这个现象的原因可能包括光伏组件之间的失配、旁路二极管的热能耗散。各种环境因素，如浮云、污垢及碎片等也会大大降低了单个组件以及整个系统的发电量，人们为了解决或尽可能减小这个问题，在接线盒内部进行改造，并将改造后的接接线盒称为 Smart Box，即智能接线盒，而应用这种接线盒的组件则称为 Smart Module。Smart Box 通常利用的技术有以 MOS 集成电路为基础的智能光伏组件、旁路电路集成无线发射接收数据系统、MPPT+DC to DC/DC to AC 转换方式等。

目前智能光伏组件的研究主要集中在智能控制电路的研究上，简单来说就是智能控制接线盒的研究。近两年来，几家国际知名的模拟电路芯片供应商、电池板制造商、光伏接线盒与连接系统供应商联合开发了一系列智能接线盒系统，安装了这种智能接线盒的电池板被称为“智能型光伏组件”。

1. *以 MOS 集成电路为基础的智能光伏组件*

此组件使用 MOS 集成电路代替传统二极管，降低组件被遮挡时二极管的发热能耗，同时减少组件正常工作时晶体管的反向漏电电流，提高组件的发电效率。

由于二极管的特性，当大电流流过时会在上面产生 1V 左右的电压降。由 $P=U*I$ 得知，当有 10A 的电流流过时就会有 10W 左右的功率损失，长时间的积累会使二极管的温度逐渐升高，且二极管没有散热装置，二极管就会发烫，甚至会烧坏二极管，烧毁接线盒。

而 MOS 管与普通的二极管比较，其导通电阻只有 5～10mΩ，且其自带散热片，散热性能较好。QC Solar 公司生产的 MOS 电路接线盒如图 5-3-17 所示。

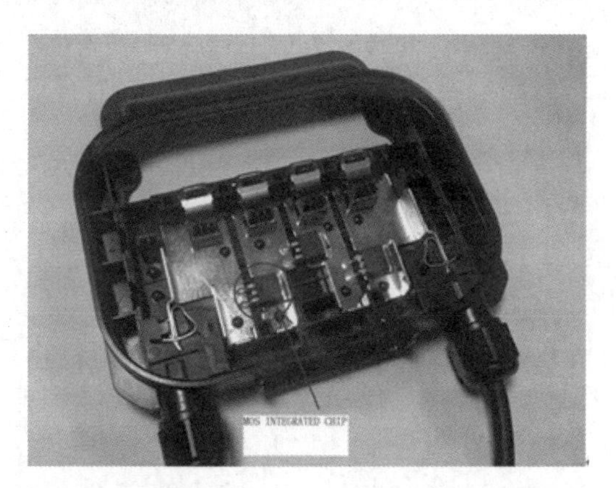

图 5-3-17　QC Solar 公司生产的 MOS 电路接线盒

2. *旁路电路集成无线发射接收数据系统*

旁路电路集成无线发射接收数据系统中接线盒内集成了无线收发装置，可以实时监控并传输数据，譬如组件的电流、电压、功率等，其工作原理是组件在工作时，利用接线盒内的单片机，通过检测两串太阳能电池的端电压来判断太阳能电池是否处于正常工作状态，一旦检测到两处电压不一样，就认为低电压的一串电池出现了热斑效应，两串电池的输出电流就有差别，此时单片机通过控制 MOS 管的栅极电压来控制 MOS 管的导通状态，把其中一串电池多产生的电流旁路掉，使组件正常工作，实现了 MOS 管的旁路作用。单片机在监控光伏组件工作，控制 MOS 管的同时，把每一时刻的电压、电流信息采集下来，经过其内部运算累加，得到整个组件的发电量，并在需要时可传输相关数据信息。

3. MPPT+DC to DC/DC to AC 转换方式

接线盒加装此种装置后，通过对阵列中每块电池板分布式安装最大功率跟踪模块，使电站方阵中每块板始终工作在最大功率输出点。目前市场上出现的产品都是基于美国国家半导体公司（NS）研制的 Solar Magic 技术而设计开发出的。

当阵列中的组件被建筑、云、树等阴影遮挡、自身出现失配情况时，由于二极管的作用部分电池会被旁路掉，从而减低了整个组件阵列的发电总量。利用 Solar Magic 技术能够以太阳能电池组件为单位进行控制，使其在 MPP 状态下工作，在以上情况发生时与之前比较最多可提高 45%的发电量；图 5-3-18 是 NS 开发的 Solar Magic 智能太阳能光伏组件接线盒。

图 5-3-18　NS 开发的 Solar Magic 智能太阳能光伏组件接线盒

虽然这类技术优势明显，但是高额的成本很大程度上限制了它的广泛应用，相信随着科学技术的发展，人们一定会找到合适的办法生产出价廉物美的接线盒。

任务 5.4　清洗工艺

【任务目标】

了解光伏组件的清洗工艺要求，熟练掌握光伏组件的清洗流程。

【任务描述】

组件的清洗过程也是对组件外观进行一次全面检查的过程，检查组件有无瑕疵，打胶不足的地方要补胶，保证组件外观干净整洁，使玻璃透光率最大，以增加光伏组件的电性能输出，同时，清除组件表面残留的 EVA 或硅胶等附着物，可以减轻组件在户外使用时灰尘等杂质的黏附，从而避免热斑效应。

【相关知识】

5.4.1　有关光伏电站组件清洗的知识

光伏电站系统的效率（光伏电站系统的总效率=太阳能电池阵列效率×逆变器转换效率×并网效率）是衡量系统运行情况最直接的标准，在太阳辐射资源确定的情况下，系统效率决定了一个光伏电站的发电量。发电量是光伏电站至关重要的指标之一。影响太阳能电站发电量的十大影响因素：①太阳辐射量；②太阳能电池组件的倾斜角度；③太阳能电池组件的效率；④组件损失；⑤温度特性；⑥灰尘损失；⑦最大功率点跟踪（MPPT）系统；⑧线路损失；⑨控制器、逆变器效率；⑩蓄电池的效率。

光伏组件表面污浊物是影响光伏电站系统效率、降低发电量的重要因素之一。一方面光伏组件表面的污浊物（如粉尘颗粒、积灰等）降低了太阳光的透射率，从而降低了光伏组件表面接收到的太阳辐射量，这种情况在干旱缺水、风沙很大的西北地区尤为严重；另一方面是组件表面的污浊物（如树叶、泥土、鸟粪等）因为距离电池片的距离很近，会形成阴影，使电池片产生热斑效应，降低组件的发电效率，甚至烧毁组件。

光伏组件表面污浊物对发电效率影响的研究已经非常多，然而迄今为止，市场上仍没有非常有效的清洁方法。尽管如此，通过光伏组件的清洗来提升光伏电站发电量的方法远比太阳能电池技术研发更为简单、经济和实用。下面简单介绍一些光伏组件的清洗方法以及效果。

首先，用干燥的掸子或干净的无尘布将光伏组件表面的附着物（如积灰、树叶等）掸去；然后，用硬度适中的塑料刮刀或纱球将硬度较大的附着物（如泥土、鸟粪等）去除，在此过程中要注意避免对光伏玻璃表面的破坏；最后，用清水去除光伏组件表面依旧残留的附着物，如图 5-4-1、图 5-4-2 所示。对于光伏组件表面所附着的油性物质，可选用酒精、汽油等非碱性的有机溶剂进行擦拭。

图 5-4-1　工作人员在用刮水器清洗光伏组件

图 5-4-2　工作人员在用水车清洗光伏组件

用清水冲洗光伏组件是比较有效的清洗方法，但是在缺水干旱地区，对其经济性需要仔细分析，在提高发电量和清洗成本上找到平衡点。此外，在光伏组件清洗过程中要注意以下几个方面。

1. 防止刮伤面板玻璃

在对光伏组件进行清洁操作时，不要踩在玻璃面板上，以免对玻璃面板造成损伤。对于光伏组件表面难以除掉的附着物，不要用硬物（如金属）去剐蹭。冬季清洗应选在阳光充足时进行，以防气温过低而结冰，造成污垢堆积，另外，也不要在玻璃面板很热的时候将冷水喷在玻璃面板上，防止因热胀冷缩而造成组件损坏。

2. 防止漏电工作

光伏电站由光伏阵列（串并联后的光伏组件阵列）、电气元件等组成，在发电过程中光伏阵列往往带有几百伏特电压。尽管光伏组件的清洗一般安排在阳光较弱的情况下，但是光伏组件电池阵列经过一系列的串并联后仍有很高的电压，加上逆变器及监控器内有控制电路，任何和电缆连接的器件都有漏电的隐患。此外，光伏组件在正常工作时，其对大地的偏压可通过铝合金边框形成漏电电流接向大地，漏电流过大会导致光伏组件出现极化功率衰减和电化学腐蚀现象，漏电流严重时会直接危害到光伏发电系统和人身安全。清洗组件会直接增加光伏组件的漏电流。封装材料如玻璃和背板通常具有较好的绝缘性能，而密封较好的晶体硅组件会由于硅胶老化导致边缘密封性下降。光伏组件边缘往往由于密封不良而导致边缘处的 EVA 长期直接暴露于高温高湿环境，使光伏组件的漏电流大幅增大。有些厂家为追求光伏组件的高效率，把带电体和组件边缘的距离做到最小，有些有特殊应用的组件甚至不使用硅胶密封组件边缘。清洗会导致光伏组件出现氧化腐蚀、漏电现象。因此在进行组件清洗前，应考察监控记录中是否有电量输出异常的记载，并检查组件的连接线和相关电气元件有无破损，用试电笔检测光伏组件的边框、支架和面板玻璃是否漏电，同时在喷射清洗过程中还应注意不要将水喷到跟踪器的接线盒、控制箱或其他可能引起漏电、短路的元器件上。

3. 防止热斑产生

不要在太阳直射的情况下清洗光伏组件，人员或车辆的走动会形成阴影，进而会产生热斑效应，导致组件的发电效率降低，并会使被遮挡部位的温度快速升高，甚至会导致光伏组件局部烧毁或老化加速。

4. 防止人身伤害

光伏组件多是铝合金边框，四周一般会形成许多锋利的尖角，因此进行组件清洗的工作人员应穿着相应的防护服装，并佩戴安全帽以避免造成人员的剐蹭伤。应禁止衣服或者工具上出现钩子、带子、线头等容易引起牵绊的部件。

5.4.2 了解组件清洗要求

（1）光伏组件整体外观应干净明亮。

（2）TPT 背板应完好无损、光滑平整，铝合金边框和玻璃无划伤。

【任务实施】

5.4.3 组件清洗操作步骤

（1）将组件置于清洁的工作台上，用美工刀刮去组件正面残余的 EVA 和硅胶（注意不要损伤铝合金边框和玻璃）。

（2）用干净的无尘布蘸上酒精擦洗组件的玻璃面和铝合金边框。

（3）用干净的无尘布蘸上酒精擦洗 TPT 表面，用塑料刮片或橡皮去除 TPT 上残余的 EVA 和多余的硅胶。

（4）检查 TPT 和铝合金边框结合部是否有漏胶的地方，如有应及时补胶。

（5）清理工作台面，保证清洗环境的清洁。

5.4.4 了解清洗工艺质量检查过程及注意事项

（1）检查组件表面，不得有硅胶残余及其他污物。

（2）TPT 完好无损。

（3）轻拿轻放，双手搬运光伏组件。

（4）不要划伤铝合金边框和玻璃。

（5）如果有机硅胶没有完全固化，清洗组件时不得大量使用酒精。

【任务训练】

1．按照工艺要求对光伏组件进行清洗操作。

2．采用不同的光伏组件清洗方法对楼顶光伏电站进行清洗，对比不同清洗方法的效果，提出改善措施。

3．请思考不同类型光伏电站的光伏组件（如玻璃封装非晶硅光伏组件、柔性组件、跟踪系统的组件等）的清洗方法。

6

光伏组件的性能检测

【项目导读】

光伏组件作为光伏发电系统最重要的部件，其各项性能一直是生产流程的重点检测内容。对光伏组件进行修边、装边框、安装接线盒后就要进行性能检测了，检测合格后组件才能被投入使用，检测项目包括电参数测量、电绝缘性能测试、热循环试验、湿热一湿冷试验、机械载荷试验、冰雹试验、老化试验等。

任务 6.1　认识光伏组件性能检测设备

【任务目标】

了解光伏组件检测的基础知识，掌握常用光伏组件检测设备的使用方法和操作规程。

【任务描述】

光伏组件是光伏发电系统的核心部件，其性能的好坏直接决定整个光伏发电系统的优劣，所有光伏组件在投入使用前须先进行各项性能测试。光伏检测设备可以有效地表征光伏组件的性能。本任务主要是让学生了解光伏组件检测的基本知识，掌握常用光伏组件检测设备的使用方法和操作规程。

【相关知识】

按照国家标准《地面用晶体硅光伏组件设计鉴定与定型》（GB/T 9535－1998）及《海上

用太阳电池组件总规范》（GB/T 14008－1992）的规定，光伏组件需要检验测试的基本项目有：①电性能测试；②电绝缘性能测试；③热循环试验；④湿热－湿冷试验；⑤机械载荷试验；⑥冰雹试验；⑦老化试验。

6.1.1　光伏组件的性能测试

1. 光伏组件的电性能测试参数

（1）短路电流（I_{SC}）：当将光伏组件的正负极短路，使$U=0$时，此时的电流就是组件的短路电流，短路电流的单位是 A（安培），短路电流随着光强的变化而变化。

（2）开路电压（U_{OC}）：当光伏组件的正负极不接负载时，组件正负极间的电压就是开路电压，开路电压的单位是 V（伏特）。光伏组件的开路电压随电池片串联数量的增减而变化，36 片电池片串联的组件开路电压为 21V 左右。

（3）峰值电流（I_m）：峰值电流也叫最大工作电流或最佳工作电流，是指光伏组件输出最大功率时的工作电流。

（4）峰值电压（U_m）：峰值电压也叫最大工作电压或最佳工作电压，是指太阳能电池片输出最大功率时的工作电压，峰值电压的单位也是 V（伏特）。组件的峰值电压随电池片串联数量的增减而变化，如 36 片电池片串联的组件峰值电压为 17～17.5V。

（5）峰值功率（P_m）：峰值功率也叫最大输出功率或最佳输出功率，是指光伏组件在正常工作或测试条件下的最大输出功率，也就是峰值电流与峰值电压的乘积：$P_m = I_m \times U_m$。峰值功率的单位是 W_p（峰瓦，实际上，峰瓦和瓦是相同的）。

光伏组件的峰值功率取决于太阳辐照度、太阳光谱分布和组件的工作温度，因此光伏组件的测试要在标准条件下进行，测量标准是：1000W/m^2（辐照度）、AM1.5（光谱）、25℃（测试温度）。

（6）填充因子（FF）：填充因子也叫曲线因子，是指光伏组件的最大功率与开路电压和短路电流乘积的比值：FF=$P_m/(I_{SC} \times U_m)$。

填充因子是评价电池片输出特性好坏的一个重要参数，它的值越高，表明电池片输出特性曲线越趋于矩形，电池片的光电转换效率越高。光伏组件的填充因子系数一般在 0.5～0.8 之间，也可以用百分数表示。

（7）转换效率（η）：转换效率是指光伏组件受光照时的最大输出功率与照射到组件上的太阳能量功率的比值，即

$$\eta=P_m/(A \times P_{in})$$

式中，P_m——电池组件的峰值功率；A——电池组件的有效面积；P_{in}——单位面积的入射光功率，标准条件下为 1000W/m^2。

在规定的标准测试条件下对太阳能电池组件的开路电压、短路电流、峰值功率、峰值电压、峰值电流及伏安特性曲线等进行测量。

2．电绝缘性能测试

以 1kV 的直流电压通过组件边框与组件引出线，测量绝缘电阻，要求绝缘电阻大于 2000MΩ，以确保在应用过程中组件边框无漏电现象发生。

3．热循环试验

将组件放置于有自动温度控制、内部空气循环的气候室内，使组件在-40℃～85℃之间循环规定次数，并在极端温度下保持规定时间，监测试验过程中可能产生的短路和断路、外观缺陷、电性能衰减率、绝缘电阻等，以确定组件由于温度重复变化引起的热应变能力。

4．湿热一湿冷试验

将组件放置于有自动温度控制、内部空气循环的气候室内，使组件在一定温度和湿度条件下往复循环，保持一定恢复时间，监测试验过程中可能产生的短路和断路、外观缺陷、电性能衰减率、绝缘电阻等，以确定组件承受高温高湿和低温低湿的能力。

5．机械载荷试验

在组件表面逐渐加载，监测试验过程中可能产生的短路和断路、外观缺陷、电性能衰减率、绝缘电阻等，以确定组件承受风雪、冰雹等静态载荷的能力。

6．冰雹试验

以钢球代替冰雹从不同角度以一定动量撞击组件，检测组件产生的外观缺陷、电性能衰减率，以确定组件抗冰雹撞击的能力。

7．老化试验

老化试验用于检测太阳能电池组件暴露在高湿和高紫外线辐照场地时的抗衰减能力。将组件样品放在 65℃、光谱约 6.5 的紫外太阳下辐照，最后检测其光电特性，看其下降损失。

6.1.2 光伏组件参数的技术要求

（1）在标准条件下，组件的实际输出功率应符合标称功率要求，光电转换效率不小于 14%。

（2）组合能正常工作 20～30 年，组件所使用的材料、零部件及结构在使用寿命上一致，避免因一处损坏而导致整个组件失效。

（3）组件功率衰减在 20 年寿命期内不得低于原功率的 80%。

（4）组件要有足够的机械强度，能经受在运输、安装和使用过程中发生的冲突、振动及其他应力。

（5）填充因子 FF 应大于 0.65，正常条件下绝缘电阻不低于 200MΩ。

【任务实施】

6.1.3 了解常用组件测试设备

1．认识光伏组件测试仪

太阳能电池组件测试仪（以武汉三工光电设备制造有限公司产品为例，见图 6-1-1）是一种高可靠性、高精度的太阳能电池组件测试专用设备，其结构如图 6-1-2 所示。该设备采用大功率、长寿命的进口脉冲氙灯作为模拟器光源，采用进口超高精度四通道同步数据采集卡进行测试数据的采集，以专业的超线性电子负载保证测试结果精确，适合于生产厂家用对太阳能电池组件的检测。

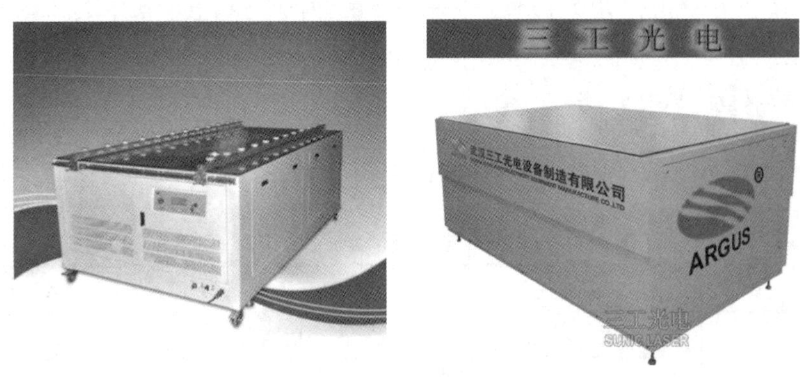

图 6-1-1　太阳能电池组件测试仪（武汉三工光电）

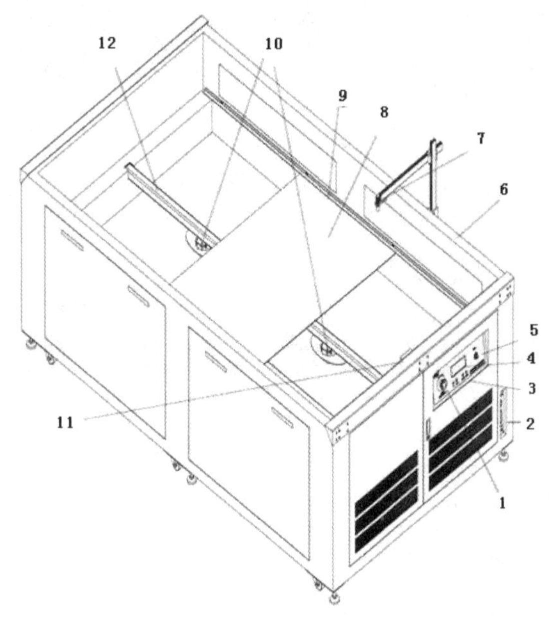

1－急停开关；2－外部接口；3－调整按钮；4－液晶屏；5－钥匙开关；6－台面玻璃；7－测温控头；8－超白玻璃（磨砂）；9－超白玻璃压条；10－氙灯；11－标准电池；12－氙灯支架

图 6-1-2　太阳能电池组件测试仪结构示意图

2. 太阳能电池组件测试仪的技术特点

（1）太阳能电池组件测试仪的恒定光强，在测试区间保证光强恒定，确保测试数据真实可靠。氙灯脉宽在 0～100ms 间连续可调，步进 1ms，适应不同的电池片测量。

（2）数字化控制保证测试精度，硬件参数可编程控制，简化设备调试和维护步骤。

（3）采用 2M×4 路高速同步采集卡，可更多地还原测试曲线细节，准确反映被测电池片的实际工作情况。

（4）采用红外线测温，真实反映电池片的温度变化，并自动完成温度补偿。

（5）自动控制，在整个测试区间实时侦测电池片和主要单元电路的工作状态，并提供软/硬件保护，保证设备的可靠运行。

3. 太阳能电池组件测试仪的技术参数

太阳能电池组件测试仪的技术参数见表 6-1-1。

表 6-1-1　太阳能电池组件测试仪的技术参数

项目	SMT-B	SMT-A	SMT-AAA
光源	1500W 大功率脉冲氙灯，氙灯寿命：10 万次（进口）		
光强范围	100mW/cm^2（调节范围 70～120mW/cm^2）		
光谱	范围符合 IEC 60904-9 光谱辐照度分布要求（AM1.5）		
辐照度均匀性	±3%	±2%	±2%
辐照度稳定性	±3%	±2%	±2%
测试重复精度	±1%	±0.5%	
闪光时长	0～100ms 内连续可调，步进 1ms		
数据采集	*I-U*、*P-U* 曲线超过 8000 个数据采集点		
测试系统	Windows XP		
测试面积	200mm×200mm		
测试速度	6 秒/片		
测量温度范围	0～50℃（分辨率为 0.1℃），采用红外线测温，直接测量电池片温度		
有效测试范围	0.1～5W		
测量电压范围	0～0.8V（分辨率为 1mV）　量程为 1/16384		
测量电流范围	200mA～20A（分辨率为 1mA）　量程为 1/16384		
测试参数	I_{SC}、U_{OC}、P_{max}、U_m、I_m、FF、Eff、T_{amb}、R_s、R_{sh}		
测试条件校正	自动校正		
工作时间	设备可连续工作 12 小时以上		
电源	单相 220V/50Hz/2kW		

4. 标准术语

标准术语见表 6-1-2。

表 6-1-2　关于太阳能电池组件测试的标准术语

符号	定义	单位
I_{SC}	短路电流	安培（A）
U_{OC}	开路电压	伏特（V）
P_m	最大功率	瓦特（W）
I_m	最大功率时电流	安培（A）
V_m	最大功率时电压	伏特（V）
R_s	太阳能电池片的串联电阻	欧姆（Ω）
R_{sh}	太阳能电池片的并联电阻	欧姆（Ω）
Eff	效率=P_m/(面积*P_{in})	%
FF	填充因子=P_m/(U_{OC}*I_{SC})	%
光强	P_{in}=100mW/cm^2	mW/cm^2
温度	测试时环境温度	摄氏度（℃）

6.1.4　认识光伏组件绝缘耐压测试仪

光伏组件绝缘耐压测试仪适于在各种电气设备的保养、维修、试验及检定中作绝缘测试，如图 6-1-3 所示。绝缘耐压测试仪又叫电气绝缘强度试验仪或叫介质强度测试仪，可将规定交流或直流高压施加在电器带电部分和非带电部分（一般为外壳）之间用其检查电器的绝缘材料所能承受的耐压能力。电器在长期工作中，不仅要承受规定的工作电压的作用，还要承受操作过程中短时间的高于额定工作电压的过电压作用（过电压值可能会高于额定工作电压值的好几倍）。在这些电压的作用下，电气绝缘材料的内部结构将发生变化。当过电压强度达到某一定值时，就会击穿材料，此时电器将不能正常运行，操作者就可能触电，危及其人身安全。

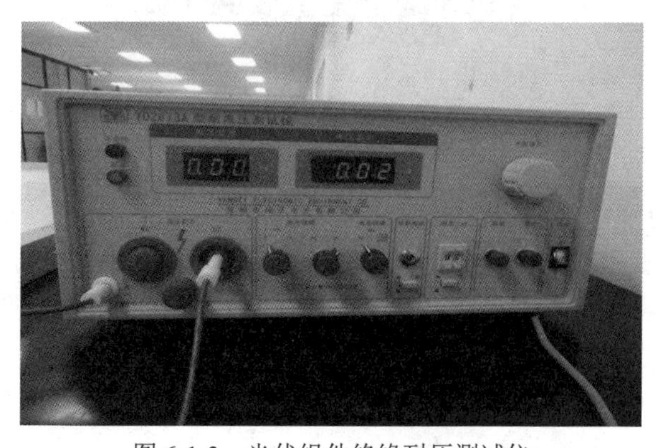

图 6-1-3　光伏组件绝缘耐压测试仪

光伏组件绝缘耐压测试仪主要由交（直）流高压电源、定时控制器、检测电路、指示电路和报警电路组成，其基本工作原理是：将被测仪器在耐压测试仪输出的试验高电压下产生的漏电电流与预置的判定电流比较，若检出的漏电电流小于预设定值，则仪器通过测试，当检出的漏电电流大于判定电流时，试验电压瞬时切断并发出声光报警，从而确定被测件的耐压强度。

6.1.5 认识热斑耐久试验测试仪

光伏组件热斑是指组件在阳光照射下，由于部分电池片受到遮挡无法工作，使得被遮盖的部分温度远远大于未被遮盖部分，致使温度过高出现烧坏的暗斑。光伏组件热斑主要由两个内在因素造成，即内阻和电池片自身暗电流。热斑耐久试验是为确定太阳能电池组件承受热斑加热效应的能力，通过合理的时间和过程对太阳能电池组件进行检测，用以表明太阳能电池能够在规定的条件下长期使用。热斑检测可采用红外线热像仪，红外线热像仪可利用热成像技术，以可见热图显示被测目标温度及其分布。

热斑耐久试验测试仪是为光伏组件行业特别设计的，见图 6-1-4。参照 IEC 61215-2005、IEC 61646-2008、IEC 61730：2-2004、UL 1703-2004 等标准，可对温度、光辐照度进行自动监控；该测试仪配置辐射计，可对辐照度进行控制及校正，使辐照度稳定在指定照度上，同时可对试验时间进行控制。仪器用于确定组件承受热斑加热效应的能力，这种效应可能导致焊接熔化或封装退化。机台也可自定义测试时间及测试参数。

图 6-1-4 热斑耐久试验测试仪

1. 光源

由于试验辐照度要求为 1000W/m^2、310～2800nm（光谱匹配 B 级），有效辐照面积为 2m×1m，维持±5%内的均匀度。

热斑耐久试验仪采用原装进口光源及 EPS，照射在光伏组件上，试验总时间为 5 个小时。

光源功率：700～1000kW/单元。

灯管寿命：质保 1000 小时。

光谱标定范围：310～2800nm。

2. 电气控制

工控触摸屏和 PLC 自动控制辐照度、温度、*I-U* 工作曲线及数据的存储、打印功能。

可按用户要求改为计算机控制，使用 Windows XP 操作界面，软件界面可根据用户需要现场调整。

3. 箱体制作材料

箱体内胆均采用 SUS304#不锈钢板。外壳采用 SUS304#不锈钢板并进行拉丝处理或采用静电喷涂的冷轧钢板。

4. 整机概况

内室尺寸：约 W2200mm×D1100mm×H1000mm。

外形尺寸：约 W2290mm×D1400mm×H1500mm。

5. 主机要求工作环境条件

电源要求：380V±5%，单相三线，50Hz。

使用环境：5℃～35℃、低湿度，距离墙面约 300mm，通风良好，室内环境清洁。

6.1.6　认识光伏组件缺陷 EL 测试仪

光伏组件缺陷EL测试仪是依据硅材料的电致发光原理对组件进行缺陷检测及生产工艺监控的专用测试设备（以沛德光电科技有限公司产品为例），见图 6-1-5。

图 6-1-5　光伏组件缺陷 EL 测试仪

1. 设备硬件规格（见表 6-1-3）

表 6-1-3　光伏组件缺陷 EL 测试仪的硬件规格

技术参数	EL-M（型号）
拍摄模式	单相机镜面反射式
应用类型	组件缺陷检测
监控点	层压前/层压后
样品最大尺寸	2250×2100（具体以合同为准）

续表

技术参数	EL-M（型号）
相机 Sensor 生产商	Sony
相机类型	冷却型 CCD（-10℃）
分辨率	3032×2016
影像采集时间	1～60s 可调
气压	0.4MPa～0.6MPa

2. 调试步骤

（1）软件设置。

根据需要调节参数，一般情况下时间（s）设置为 15s，增益（gain）设置为 35～41，分辨率设置为 3032*2016，帧率设置为 1.25fps，见图 6-1-6。如需对时间进行修改，对应的增益值也要做相应的改变，直到获得最佳效果的主观判断为止。曝光时间和增益为一组参数，调整时需要联调，曝光时间增大，则增益要相应减小。对比度和伽马值为一组非线性参数，调整时需要一定的联调，但伽马值只适合在低效片时作稍许调整，调整最好不要小于 7.0，否则噪点会很多，最理想的伽马值为 10，此值与系统的匹配度最理想。

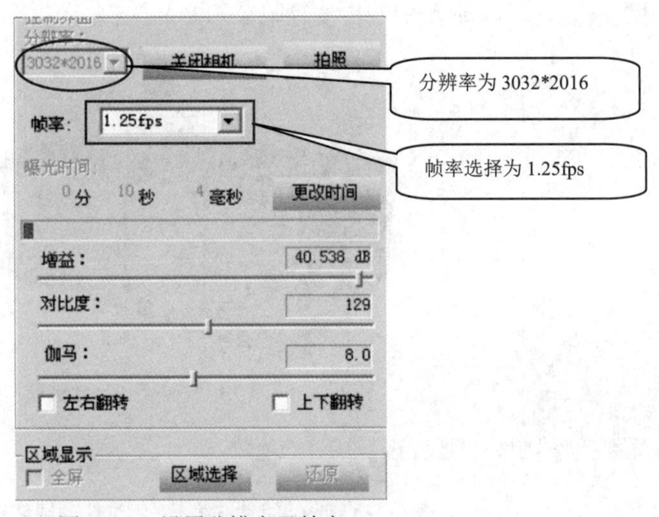

图 6-1-6　设置分辨率及帧率

（2）在操作界面中可以将图片的保存路径设置为需要的文件夹，见图 6-1-7。

（3）电源设置。

放入电池组件，接上电源接头，盖下暗箱，调节电源的电流大小以确保图像清晰，一般设置为 5～7A（单晶电池）或 7～10A（多晶电池）。

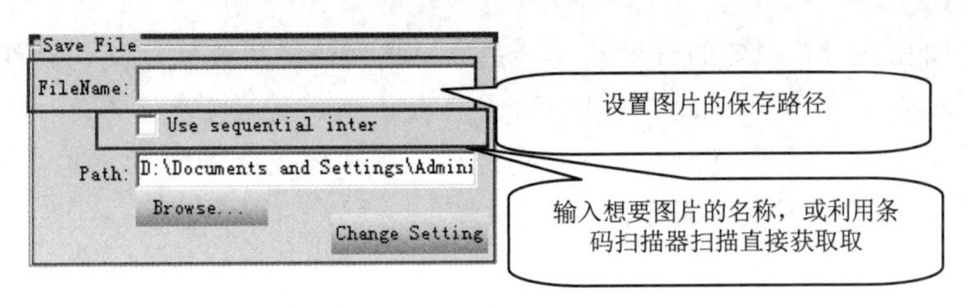

图 6-1-7　设计名称及保存路径

（4）缺陷判断。

此功能可以对缺陷进行人工的分类，以便于我们对缺陷进行进一步的分析。拍摄完图片后，软件会自动显示出当前拍摄的图片，在操作模式界面中可先进行人工地判断，再选择相应的缺陷选项进行分类，见图 6-1-8。

3．注意事项

（1）使用前确保电源连接正确，正极接正极，负极接负极。

（2）禁止使用 U 盘拷贝数据，避免病毒传染，防止重要数据流失。

（3）定期清除钢化玻璃上的灰尘。

（4）DC 插头代表不同的电压电流，混插将烧毁主要元件。

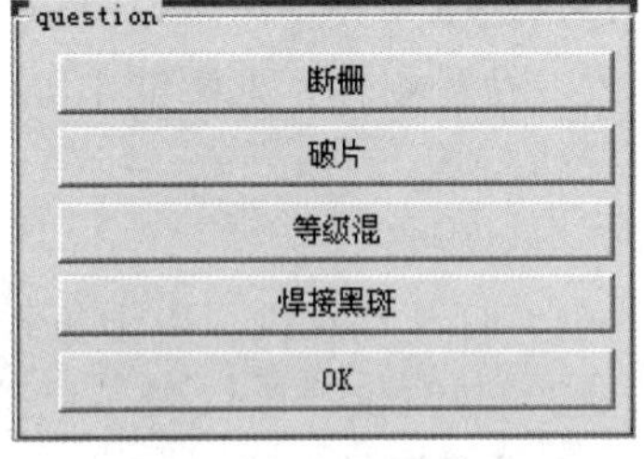

图 6-1-8　选择缺陷选项

（5）若一段时间不使用，应同时关闭电脑及所有电源。

（6）请勿在暗箱上放置任何物体。

【任务训练】

1．搭建光伏组件的测试平台，对试验组件进行 *I-U* 特性曲线测量。

2．设计试验测量光伏组件的绝缘电阻。

3．光伏组件热板耐久试验的设计与实现。

任务 6.2　光伏组件性能检测

【任务目标】

掌握光伏组件性能的检测工艺。

【任务描述】

光伏组件的性能检测是根据相关的检验标准进行的，电性能测试是对其输出功率进行标定，测试其输出特性，确定组件的质量等级；耐压和绝缘性能检测是测试组件边框和电极引线间的耐压性和绝缘强度，保证组件在户外恶劣天气使用的可靠性。另外，老化试验、冰雹试验、机械载荷实验等都需要进行。本任务主要是让学生掌握光伏组件的常用检测技术，为以后学习光伏发电系统安装与调试等课程做准备。

【任务实施】

6.2.1 光伏组件电性能测试

工艺目的：在标准的模拟标准实验条件下（电池温度为(25±2)℃，辐照度为1000W/m^2，标准太阳光谱辐照数据（GB/T6495.3 AM1.5），测出电池的九大电性能特性参数。

适用范围及设备：可以测试160～180W的组件，使用设备有脉冲模拟太阳光发生器、标准组件、待测组件、太阳能电池组件测试仪。

操作步骤：

1. 标准板测试

（1）打开计算机、电子负载、测试仪的电源。

（2）观察仪器各仪表显示是否正常，包括电压表、温度计等，参考测试环境温度为(25±2)℃，准确记录实际温度。

（3）打开测试软件，触发闪光灯，调整光强使红色曲线与紫色横线重合（可调整光源的电压强弱和光源与测试支架的间距）。

（4）把标准组件（注意与待测组件的功率相吻合）牢靠地固定在测试支架上，将测试仪输入端正级（黄色、红色）的鳄鱼夹与电池片的正极相连在一起，负极（黑色、白色）的鳄鱼夹与电池片的负极连在一起；测试人员在测试棚外拉起遮光布。

（5）触发闪光灯，观察显示的电性能数据与标准件附带数据的一致性。调整电子负载及电压、电流系数，再次触发闪光灯，并观看显示数据，重复调整、触发、观看，直到显示数据与正本数据误差在1.8%，（此数据提供参考用，具体依专家建议为准）以下。

（6）将标准件换成待测组件，按步骤“4”连接电极，触发闪光灯，将显示数据打印在标签上，贴在组件背面，然后保存数据和该组件序号并注明测试日期方便日后调出参考。

（7）取下测试完毕的组件，将其稳放在指定位置，并准备下一块组件的测试。

（8）完成一批组件测试之后，对保存情况进行复查，并为下道工序人员提供必要配合，准确填写流程卡。

（9）根据所测组件的芯片类型、功率大小选用合适的标准组件。在测试软件中调用已保存的标准组件参数文件或点击上面的参数设置（Parameters）按钮，在弹出的对话框中输入设定标准组件的各类参数，点击测试软件上HV处的ON按钮，启动高压。点击Run按钮开始测试，对照标准组件的电性能参数调整参数设置（Parameters）内的参数值，使测试符合标准组件的电性能参数（I_{SC}偏差为±1%、U_{OC}偏差为±1%，P_{max}偏差为±1%）。所有测试完毕后，按正确规程关闭仪器和计算机，断开电源。

2. 组件测试

（1）将被测组件放到测试台上，用正负夹子分别夹住正负电极。

（2）打开计算机测量软件，点击测试按钮进行测试。计算机自动画出伏安特性曲线，并记录测试数据。

（3）测试完后取下电池组件，并保存好原始测试数据。

（4）全部测试完毕，点击测试软件上 HV 处的 Off 位置，关闭高压。

（5）退出测试软件，关闭计算机。点击 HV Disable 关闭高压。关闭模拟器测试台背面的主电源开关。

注意事项：

（1）切勿打开机箱，箱内常组部分均带高压电，接触以上部分，可能被电击从而导致严重后果。

（2）夹具的两个挑动都安与电池片接触，如共用一排引动，应使另一挑引动与测试绝缘。

（3）勿任意修改参数。

（4）测试过程中，及时检查并调整光强和测试温度。

（5）在计算机中，保存电性能测试的原始数据。

6.2.2 光伏组件热斑耐久试验

1. 工艺目的

测试晶体硅太阳能电池的反向电流－电压特性、局部漏电及发热情况，评估光伏组件可能发生热斑加热效应的严重程度。明确电池热斑试验的下列关键参数：电路连接方式、反向试验电压大小、辐照强度、均匀性和光谱要求、热传递及边界条件、温度测量方式及基本判定。

2. 适用范围及设备

（1）可调恒压直流电源及电压测量装置，精确度不低于 0.05V。

（2）红外热成像仪。

（3）均匀性、稳定性达到 IEC 60904-9 所规定的 C 级（或更好）的稳态太阳模拟器，其太阳光等效光热辐照度为 1000 $W \cdot m^{-2}$ ±10%。

（4）主动式电压—电流扫描装置，其量程不应小于额定反向电压。

（5）一个适当的温度探测器（如热电偶）及温度记录设备，采样间隔 5s 或更短。

（6）19 mm 厚的盖有一层白薄纸的软松木板。

（7）焊带、汇流条及焊接用具。对于太阳能电池，最严酷的遮挡方式为：将整个电池（或绝大部分面积）遮挡。在出现局域化加热情况下，大量电流从小的区域内流过。

3. 操作步骤

（1）在标准试验条件下对电池进行电流—电压性能试验。

（2）在暗环境下对电流进行反向电流—电压特性曲线扫描，以分选出“均匀性低并联电阻电池”并测得其电流达到 I_m 时所施加的电压 U_1。

（3）焊接太阳能电池，用四线法引出电线。

（4）在焊接后试样上重复（1）、（2）试验。若焊接后在 U_{rr} 处的漏电流比原来提高 10% 以上，表明可能焊接不当，则需要重新换电池进行试验。

（5）将焊接好的电池放在松木板、吸水纸（或热敏纸）构成的试验台上，施加反向电压；对于“均匀性低并联电阻电池”，反向电压大小为 U_1，对于其余类型的电池，反向电压为 U_{rr}；等温度稳定后（2min 内变化小于 10℃）用红外热像仪拍摄记录，并在温度最高点做标记。

（6）将温度探测器附着在太阳能电池温度最高点的背面，在电池上覆盖组件用玻璃（尽量选用钢化玻璃），开启温度记录。

（7）对于“均匀性低并联电阻电池”，在玻璃上覆盖不透光挡板，中间圆孔面积为电池面积的 1/10，圆心位于最热点，电池其余部位均被遮挡，如图 6-2-1 所示。

（8）将试件放到稳态模拟器下，同时施加反向电压（U_{rr} 或 U_1），持续 1 小时。

（9）进行外观检查，并重复（1）的试验。

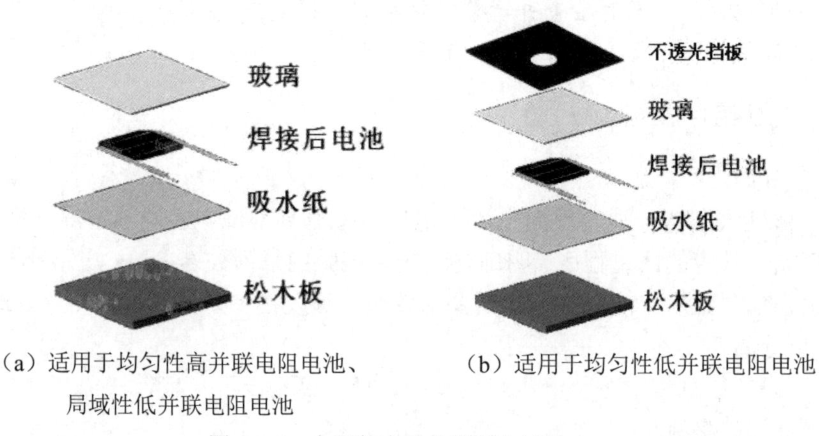

（a）适用于均匀性高并联电阻电池、局域性低并联电阻电池　　（b）适用于均匀性低并联电阻电池

图 6-2-1　太阳能电池热斑耐久试验

6.2.3　光伏组件绝缘耐压试验

1. 工艺目的

使操作人员能够熟练地掌握组件测试作业，有效地进行测试，进行正确的生产作业。

2. 适用范围及设备

设备：绝缘耐压测试仪。

工模具：绝缘耐高压手套、绝缘垫。

材料：装框好的电池组件。

3．操作步骤

绝缘耐压测试仪的操作界面及测试实例分别如图 6-2-2、图 6-2-3 所示。具体操作步骤如下：

（1）准备工作。

1）工作时必须穿工作衣、工作鞋，佩戴手套、工作帽。

2）做好工艺卫生，清洁整理工作台面，清洁测试仪表面玻璃。

（2）耐压测试。

1）了解注意事项，及设备和仪器的使用状况。

2）将组件引出线短路后接到绝缘电阻测试仪的正极（红色尖嘴钳）。

3）将绝缘电阻测试仪的负极接到组件铝边框的接地端。如果组件无边框，或边框是不良导体，将组件的周边和背面用导电箔包裹，再将导电箔连接到绝缘测试仪的负极（蓝色尖嘴钳）。

4）按打开电源，2 秒以后按下启动按钮打开测试仪。

5）按下测试键，产生测试电压开始测试，以不大于 500V/s 的速度增加测试仪的电压，直到设定的电压为 3600V，维持此电压 1min。

6）记录测试结果。

7）降低电压到零，将绝缘测试仪的正负极对接 3～5s 使组件放电。

（3）绝缘测试。

1）拆去绝缘测试仪正负极的短路线。

2）以不大于 500V/s 的速率增加绝缘测试仪的电压，直到等于 500V 或组件最大系统电压的值，维持此电压 2min，然后测量绝缘电阻。

3）读取测量值，记录到流转卡上，按测量键停止测量。

4）降低电压到零，将绝缘测试仪的正负极对接使组件放电。

5）待电压低于 10V 时终止测试，拆掉连线。

6）拆去绝缘测试仪与组件的连线及正负极的短路线。

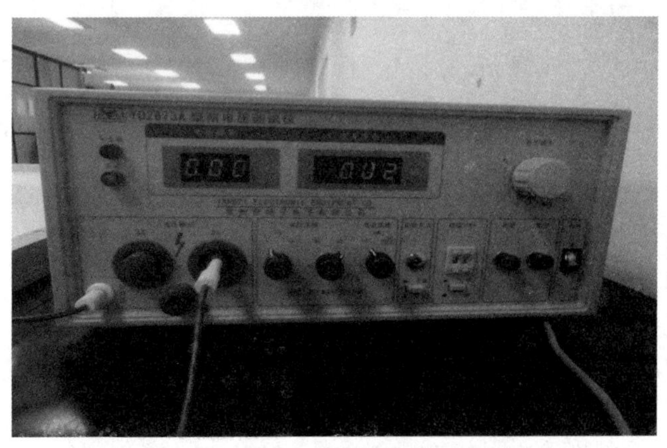

图 6-2-2　绝缘耐压测试仪设备操作界面

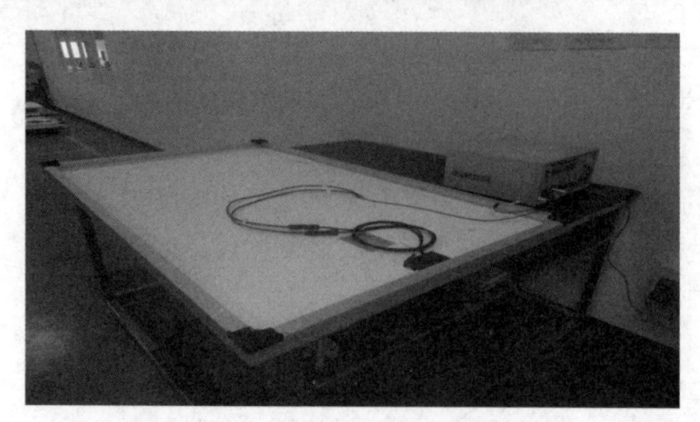

图 6-2-3　绝缘耐压测试仪测试实例

4. 注意事项

（1）为避免对组件造成损坏，在测量前应检查测试电压。

（2）当重复测量时，在下次测量开始前按方向键（向上键），检查测试电压。

（3）测试表笔不要互相接触，也不要在表笔上放置其他物体，避免测量错误。

（4）使用前，确认测试表笔是干净的，如测试表笔被污染，则会对测量产生不良影响，绝缘电阻是不稳定的。

（5）被测物体的电容、电阻值可能开始时比较低，然后逐步升高，最后稳定下来。

（6）测量期间，如果组件的电阻突然降低或表笔被短路，有可能停止产生测试电压。

6.2.4　光伏组件缺陷 EL 测试

1. 工艺目的

依据硅材料的电致发光原理对组件进行缺陷检测，监控并有效定位缺陷类型；通过对产品缺陷图像的观察，可以有效地发现硅片、扩散、刻蚀、印刷、烧结等工艺过程中存在的问题。

2. 使用设备

使用设备：玻璃组件、沛德 EL 测试仪器、扫描枪。

3. 操作步骤

（1）作业前准备。

1）用抹布蘸酒精清洁流水线的转轴和切边台，不得有灰尘和不洁物。

2）确认待测组件是切边合格的组件。

（2）作业流程。

1）打开电脑桌面上“沛德”测试程序。

2）启动测试程序后，启动相机，进入程序画面，画面上有校准模式和操作模式。在校准模式里进行参数设置：时间为 5s 以上，增益为 30dB 左右，对比度为 30～45，伽马值为 1.0。如需对时间进行修改，则对应的增益值也要做相应的修改，以获得最佳效果的主观判断为止。选择左右翻转和上下翻转。在操作模式下进行设置：“文件名称”为扫描的条形码，“路径”是图片保存地址，“分类”是根据组件上电池片的扫描图像和 EL 作业判定方法进行的。

3）组件进入切边台入口处时，用电子扫描枪，扫描组件上的条形码。

4）将切好边的组件经过自动流水线流入检测仪的暗室内，如图 6-2-4 所示。

图 6-2-4　组件进入检测仪暗室

5）组件进入暗室后，会自动到达检测位置。

6）打开红外照相机后，就能观察到暗室里通电之后的组件画面，如图 6-2-5 所示。

图 6-2-5　暗室内红外成像

7）检查每一张图片后点击“拍照”将图片进行保存（有问题图片另外保存）。

8）保存好图片之后，该组件若是合格品，按下位于机箱操作面的绿色“G”，不合格则按下红色“NG”键，如图 6-2-6 所示。

9）测试完成后，组件从暗箱内通过传送带流出，员工将其放置在人字拖上，如图 6-2-7 所示。

4. 注意事项

（1）使用前确保太阳能电池组件规格是否有调整，严禁未经调整随意测试不同规格组件。

（2）对组件扫描的照片进行正确的判断。

（3）保留扫描的照片。

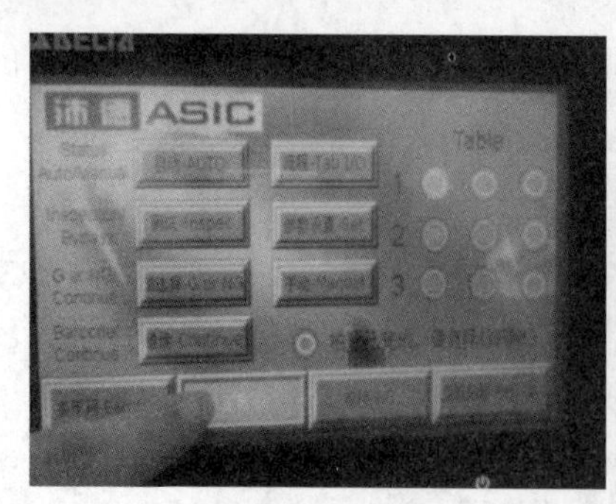
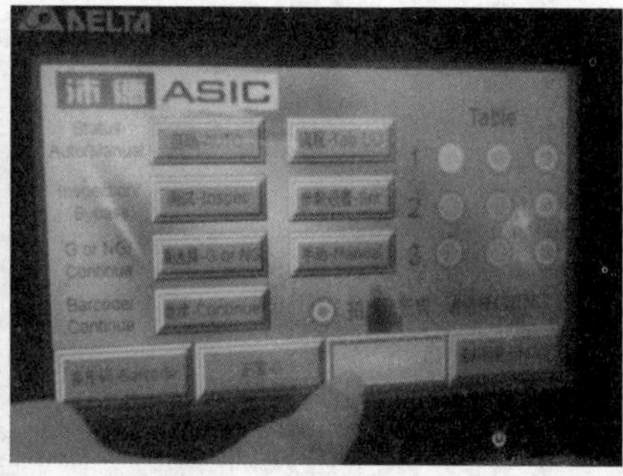

图 6-2-6　设备检测结果确认

图 6-2-7　检测结束

（4）测试仪出现异常要立即找相关设备人员进行调试。

（5）在太阳能电池组件传输过程中不得随意拉动或者停止电池组件，确保人员和产品的安全。

（6）定期清除钢化玻璃上面的灰尘。

（7）如有一段时间不使用仪器，应同时关闭电脑和所有电源。

（8）请勿在暗箱上放置任何重物。

【任务训练】

1．按照实训手册，动手检测指定组件的热循环试验数据。

2．查阅资料，总结影响光伏组件输出性能的因素。

参考文献

[1] 郑军．光伏组件加工实训[M]．北京：电子工业出版社，2010．

[2] 胡昌吉，段春艳，林涛，等．光伏组件设计与生产工艺[M]．北京：北京理工大学出版社，2015．

[3] GREEN M A．太阳能电池：工作原理、技术和系统应用[M]．上海：上海交通大学出版社，2010．

[4] WOHLGEMUTH J H, CUNNINGHAM D W, NGUYEN A M, et al. Long term reliability of PV module[C]. Barcelona: 20th European Photovoltaic Solar Energy Conference, 2006.

[5] 马强．太阳能晶体硅电池组件生产实务[M]．北京：机械工业出版社，2013．

[6] 靳瑞敏．太阳能电池原理与应用[M]．北京：北京大学出版社，2011．

[7] 沈辉，曾祖勤．太阳能光伏发电技术[M]．北京：化学工业出版社，2005．

[8] 安其霖，曹国琛，李国欣，等．太阳电池原理与工艺[M]．上海：上海科学技术出版社，1984．

[9] 李钟实．太阳能光伏组件生产制造工程技术[M]．北京：人民邮电出版社，2012．

[10] 马克沃特，卡斯特纳．太阳电池：材料、制备工艺及检测[M]．北京：机械工业出版社，2009．

[11] 张存彪，黄建华，廖东进，等．光伏电池制备工艺[M]．北京：化学工业出版社，2012．